京海黄鸡

——优质肉鸡新品种选育

王金玉 戴国俊 顾云飞 谢恺舟 等 著

中国农业出版社

参著人员： 王金玉　戴国俊　顾云飞
谢恺舟　顾玉萍　张跟喜
施会强　俞亚波　陈建平
吴圣龙　刘大林　李宁川
侯启瑞　杨　燕　杨凤萍
赵秀华　盛浩伟　张　鹏
李其松　沈　华　邱　聪
颜文锦　王丽云　于佳慧
陶　勇　胡玉萍　李国辉
魏　岳　李　源　王慧华
金崇富　王文浩　樊庆灿
唐　莹　陈学森　王永娟

审稿人： 文　杰

序

这是我第二次阅读此书稿。第一次阅读是在一年以前，主编王金玉教授要我为此书作序。但在我看了几章之后总觉得有些像是研究生论文的堆砌，不像是一本专著，而且有些提法也有欠妥之处。王金玉教授很重视我的意见，作了较多的修改，并请中国农科院北京畜牧兽医研究所文杰研究员作为此书的审稿人。

一年过去了，在我重读此书时，颇有感触。京海黄鸡是我参与审定的第一个以地方鸡种为素材，由我国专家和企业家共同努力育成的新品种。他们经历了近十年的辛勤培育，孜孜不倦，几经风雨。在2009年获得国家畜禽新品种证书后，仍继续努力，建立了产业化模式。我曾有幸到实地考察，给我留下了深刻印象。

全书分“京海黄鸡品种选育背景”，“京海黄鸡新品种选育及遗传基础研究”，“京海黄鸡的开发应用”及“京海黄鸡新品种生产技术规范”四章，内容丰富，可操作性强。在育种技术方面，既有常规育种方法，也有分子辅助选择方法，是鸡育种中理论与实践相结合的一个范例。

本书的出版将有助于我国优质肉鸡品种选育水平的提高，有助于促进基础研究与生产实践相结合的协调发展。特此作序，并向读者推荐。

吴常信

2013.11.18

前　言

优质肉鸡新品种“京海黄鸡”是江苏京海禽业集团有限公司和扬州大学联合江苏省畜牧总站培育的小型、早熟、优质、抗逆肉鸡新品种，2006年通过江苏省畜禽品种审定委员会审定，2008年通过国家畜禽遗传资源委员会审定，2009年获国家畜禽新品种证书，是新中国成立以来首个通过国家畜禽遗传资源委员会审定的优质肉鸡新品种（非配套系）。“京海黄鸡”的培育是产、学、研、推多部门联合育种的成功尝试，也是我国在畜禽品种培育方面以企业为主体，针对市场需求，自主立项培育的畜禽新品种。

新品种京海黄鸡的培育为我国优质黄羽肉鸡的选育提供了多方面探索：(1) 建立了优质肉鸡精细化常规育种技术体系。具体而言，就是通过精心挖掘遗传资源，建立健全育种信息库，部分性状采用约束指数选择，实现常规育种精细化，为我国优质肉鸡开发与利用提供了一定的参考；(2) 开展了优质肉鸡分子设计辅助选育遗传基础研究。即通过锁定鸡生长、繁殖、肉质和抗病性状，创建分子设计辅助育种基础研发平台，在全基因组范围内，挖掘、筛选与鸡生长、繁殖、肉质和抗病性状有关的候选基因，并验证分子遗传标记的作用，探索分子设计辅助选育体系，为我国肉鸡育种提供科学依据；(3) 进行了优质肉鸡新品种特定性状新品系创新培育，即利用分子设计辅助育种，培育了4个具有鲜明特色的新品系，丰富了新品种京海黄鸡的群体结构，为京海黄鸡配套系培育奠定了基础；(4) 建立了新品种产业化应用及技术转移新模式。集成相关产业化技术，创建了适合国家级优质肉鸡新品种京海黄鸡示范、推广应用与技术转移的新模式。

京海黄鸡新品种成果转化的技术研发和集成，提高了企业科技创新能力，加速了京海黄鸡推广应用进程。京海黄鸡新品种的推广应用，延伸了肉鸡生产的产业链，提升了企业的市场竞争能力。促进了农村经济发展、农业增效和农民增收。

京海黄鸡新品种的培育得到了国家自然科学基金委员会、国家发展与改革委员会、国家科学技术部，江苏省科学技术厅、江苏省教育厅、江苏省农业委员会等相关部门的科技基础研究、科技成果转化、高技术产业化等项目的大力支持。正是由于这些项目的支持，扩大了京海黄鸡新品种遗传基础研究的深度和广度，加速了新品种的培育进程，促进了新品种配套饲养技术的研发和成果转化的效率。本书的出版旨在总结经验，以利于更好地开展研究，并希望对我国肉鸡从业人员有所参考。

目　　录

第一章
京海黄鸡品种选育背景

第一节　京海黄鸡品种选育意义

中国是鸡肉产品消费大国，每年消费量达140多亿只。为了充分挖掘与利用我国优质鸡遗传资源，培育具有中国特色的优质肉鸡新品种是育种工作者的神圣使命。自改革开放以来，人民生活水平和生活质量不断提高，优质肉鸡逐渐成为城乡人民消费的主流肉食品之一。21世纪初，欧共体的一项农业新政策规定：今后“动物育种主要目标是提高畜（禽）产品品质和抗病性，而不再是提高畜（禽）产品的产量”。现代种业已是国家战略性、基础性的核心产业。优质肉鸡新品种京海黄鸡的培育，正是沿着这一轨迹而进。

纵观我国先后培育的许多黄羽肉鸡配套系，绝大部分是利用了国外引进的隐性白羽肉用品系为母本杂交而成。实践证明，这些配套系的商品鸡生长速度快，但肉品质与国外快大型肉鸡相差无几；而且，许多配套系过分追求生长速度，其抗病性和抗逆性差，不仅加大了饲养成本，还造成了诸多食品安全隐患。这些重大问题均受到国内外社会各界的广泛关注。因此，无论是国内市场的需求，还是国际竞争的需要，培育小型、优质、适合现代“三口之家”消费的“一席鸡”意义十分重大。为此，课题组在长期开展我国地方鸡种质资源调查研究、评价与保护的基础上，紧扣“小型、优质、早熟、抗逆”的选育目标，精心挖掘江海平原苏中地区历经长期遗传漂变、迁移仍留存下来的宝贵的地方鸡群为育种素材，针对其肉质鲜美、抗病、抗逆性强，但杂羽率、青脚率、翻羽率、就巢（抱窝）率高、体型不一、整齐度差等特点，从经济角度审视多个性状间的相关性、从遗传改进角度测定各世代的变异性、从生产性能表现上分析不同阶段的特殊性、从性状属性上锁定质量性状与数量性状的区别性，建立精细化常规育种技术体系，开展分子标记辅助选育相关的遗传基础研究，并将两者有机结合，进行新品种选育。经多年连续攻关，聚集教学、科研及推广单位的优势科技力量，采取“攻关-集成-示范-推广”协同联动，成功培育出我国目前唯一通过国家畜禽遗传资源委员会审定的具有小型、优质、早熟、抗逆四大特点的京海黄鸡新品种（非配套系），于2006年和2009年分别获江苏省和国家畜禽新品种证书。

第二节　京海黄鸡品种选育技术路线

京海黄鸡新品种选育技术路线是以江苏省南通地区各县市原有地方鸡群体内存在的遗传变异为基础，通过人工选择和交配制度的控制，增加有利生长、繁殖、肉品质和抗性的基因型频率。同时，课题组利用自1997年以来在新扬州鸡、萧山鸡、“京海黄鸡”、SR92A系鸡以及萧山鸡×SR92A系鸡后代EAV/DNA指纹图谱研究中发现的长度为3.48kb的条带J作为分子标记，进行标记辅助选择，培育快长和慢长型京海黄鸡新品系。

京海黄鸡快长和慢长型新品系培育的原理是鉴于EAV/DNA指纹中长度为3.48kb的条带J的有无与鸡生长速度的紧密相关性。在新扬州鸡、萧山鸡、京海黄鸡、SR92A系等5个鸡品种或类群中，EAV/DNA指纹图谱研究发现有J带鸡占47%左右，且J带遗传稳定。新扬州鸡群体研究发现，无J带鸡75日龄体重比有J带鸡平均高出280 g；京海黄鸡有J带的成年鸡平均体重为1508g，而无J带鸡为1712g。因此要培育快长型优质鸡可选留无J带的种鸡组群选育，而培育慢长型优质鸡则选留有J带的种鸡组群选育。根据Falconer的双向选择理论，在同一群中通过分子标记J带的检测，利用标记选择进行新品系的分化选育，一是提高了选择准确性；二是降低了选择中的尺度效应；三是缩小了选留中的遗传方差；四是避免了杂交，提高遗传稳定性。

在京海黄鸡新品种、新品系培育的同时，课题组建立了完善的育种资料数据信息库，围绕生长、繁殖、屠宰和肉品质性状以及京海黄鸡新品种的抗逆、抗病性进行遗传基础研究，优选具有重要作用的分子遗传标记用于标记辅助选择。通过集约化和生态养殖试验，建立京海黄鸡健康养殖技术标准。京海黄鸡新品种选育及产业化技术路线与选育流程见图1。

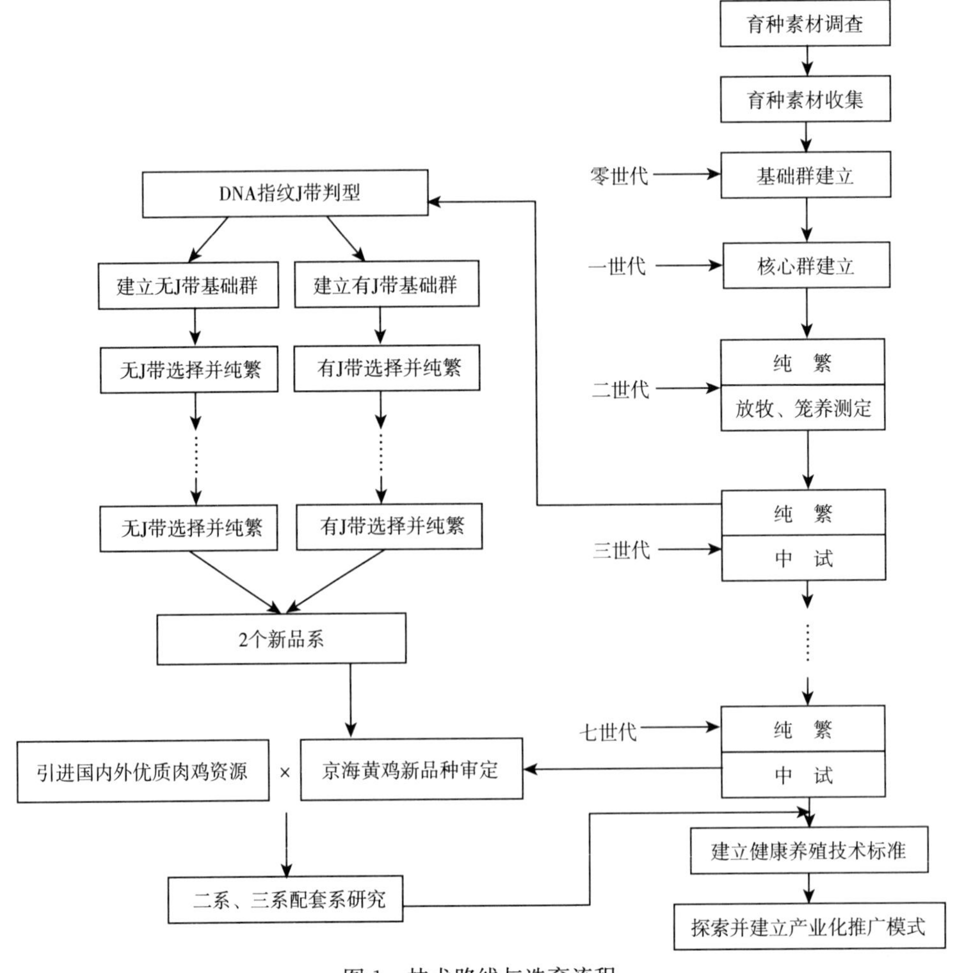

图1　技术路线与选育流程

第三节 京海黄鸡品种选育素材

江海平原孕育了极其丰富的、培育新品种不可缺少的鸡遗传素材，在家禽业可持续发展中发挥着重要作用。京海黄鸡的原始亲本源于南通郊区、海门、通州、如皋、如东等市（县）收集来的历经长期混杂和杂交的鸡类群，上述五市（县）农户饲养的鸡均不成品种，虽有不同，但因地域毗邻，这些鸡都有体型偏小、耐粗饲、生活力强和肉质鲜美等特点。根据现场实地调查和查阅文献，自五代后周显德五年（公元958年），海门县境内因江侵海蚀，几度沧海桑田，清中叶又接纳了大量江南移民，成为五方杂处的吴文化边缘之地。由自号东洲词客的黄贤创作的《海门竹枝词初稿》中，诠释了具有吴歌风情的海门山歌“鸡声村里遥相应，凉月犹明挂柳条”，又有歌曰“郎住东来姐住西，打杀了黄狗养只大雄鸡”。可见海门人民喜爱饲养本地鸡习惯历史悠久，且与生活息息相关。亲本素材与《如皋县志》（1804年）中描述的“獐鸡”、与世界禽谱中位居八大名禽之冠的狼山鸡，以及历史上海门人民从隔江相望的太湖流域引进的太湖鸡，均有着一定的血缘关系。长期以来，历史上的南通，尤其是海门因随大批移民住海边，居草屋，种蔬菜，植树园，家家户户自由散养所谓的草鸡历代相传。但是这些鸡长期没有经过系统人工选择，沿袭着“日出而放，日落回窝”的半放牧状态，不同来源的草鸡间自由交配，加之遗传漂变、杂交、迁移等多种因素的影响，外貌特征参差不齐，群体均匀度差，生产性能变异大，很难适应现代家禽业生产的需要。经调查，这些鸡中杂羽率高，喙的颜色有黑、有白、有黄、或黑白相间，脚有多趾、胫毛、青脚等，裸颈、翻羽同样存在，且有相当一部分母鸡具有就巢性，蛋壳颜色深浅不一，虽然这些鸡良莠不齐，但具有生活力强、耐粗饲、善觅食、肉质鲜美等优点，存在巨大的发展潜力。为了满足市场的客观需求以及人们的传统爱好，通过闭锁繁育，加大选择压，朝着三黄（黄羽、黄喙、黄脚）方向发展的同时，继续保持地方优质鸡的风味独特、肉质鲜美等特点，因此，京海黄鸡选育课题组选择这些鸡作为培育京海黄鸡新品种的育种素材。

根据收集的育种素材，零世代杂羽率接近50%，青脚率高达20%，裸颈率2%～4%、翻羽率3%～5%，褐壳蛋比例不到30%。112日龄公鸡体重1 150g左右，母鸡900 g左右，300日龄产蛋数108个左右。因农户散养鸡没有个体记录，无法甄别种蛋归属，基础群组建以南通五市（县）收集的符合标准的种蛋孵化繁育作为零世代。

第四节 京海黄鸡选育地理位置与自然经济状况

江苏京海禽业集团有限公司位于素有江海门户之称的海门市东郊。京海黄鸡选育基地位于海门市常乐镇东侧的“京海黄鸡资源场”。选育基地位于长江和沿海两大开放带的交汇点上，东临黄海，南依长江，是中国黄金水道与黄金海岸“T”字形的结合点，与国际大都市上海隔江相望，西靠沿海开放城市南通，北连广袤的江海平原。市境位于北纬31°46′～32°09′，东经120°04′～121°32′。地表平均海拔4.96米，全市土地总面积1 001.24平方千米，耕地面积847 426亩*，占总面积的49.2%。

* 1公顷=15亩。

海门属北亚热带季风气候区，年平均气温 15.9℃，其中极端最高气温是 36.7℃（2001 年 7 月 22 日），极端最低气温是－5.5℃（2001 年 1 月 15 日）。全市日照总时数为 2 121.5 小时。海门四季分明，雨水充沛，光照充足，土地肥沃，有利于多种杂粮旱谷和棉花、油料、薄荷、黄麻、药材等作物生长。市境盛产元麦、玉米、水稻、蚕豆、大豆等粮食作物，其次还有留兰香、水果、花卉等。海门市畜牧业有猪、羊、鸡、鸭、兔、蜂、牛、马、驴等畜种以及水貂、鸽、鹌鹑等特种经济动物。海门濒江临海，丰富的长江水和黄海水资源为发展水产业提供了优越的自然条件。内河产鱼、河蟹、鳗鲡、黄鳝、鳖、龟、牛蛙等，近海产对虾、梭子蟹、锯缘青蟹、文蛤、牡蛎、扇贝、海带等。

矿产资源有磁铁矿、大理石和矿泉水。其中磁铁矿储量 2 565 万 t，另有海盐生产基地。

第五节　京海黄鸡品种选育目标

京海黄鸡的育种目标是优质型肉鸡品种。育种目标从定性到定量，紧密围绕培育优质、小型、适合散养的肉鸡新品种开展工作。

具体育种指标：

1. 外貌特征：单冠、黄羽、黄喙、黄脚；

2. 早期体重：84 日龄平均体重 900g，♂1 000g，♀800g；112 日龄平均体重 1 125g，♂1 250g，♀1 000g；

3. 成年鸡体重：成年鸡平均体重♂2 000g，♀1 600g；

4.300 日龄产蛋性能：300 日龄平均产蛋数 114 个，蛋重 48～50g；

5. 开产日龄：5%开产日龄 130 天；

6. 饲料转化比：112 日龄上市，放牧饲养 3.5～3.7∶1，笼养 3.0～3.2∶1。

第六节　京海黄鸡品种选育历程

京海黄鸡新品种选育经历了 5 个重要的历史阶段，分别是京海黄鸡新品种选育技术储备研究阶段、育种素材调研收集精心挖掘阶段、培育阶段、中试推广配套技术研究阶段和杂交配套系培育及开发应用阶段。

一、选育技术储备研究阶段

家禽育种是人类操纵的家禽进化过程，纵观上世纪到现在的育种史，育种产业是靠技术驱动的。自 20 世纪 80 年代初京海黄鸡选育课题组就开始进行本项目选育技术储备研究。近三十年来，已形成了特色鲜明、重点突出的研究方向，特别是在精细化常规育种技术体系的建立、分子标记辅助选择技术用于家禽育种等方面形成了较为系统的自主技术体系，并在实践过程中积累了丰富的动物育种经验，在国内外重要学术期刊发表相关学术论文 300 多篇，研究成果支撑了国家级新品种京海黄鸡的选育。

二、育种素材调研收集精心挖掘阶段

2000 年到 2001 年通过查阅南通、海门、通州、如皋、如东等地有关家禽饲养的历史资

料和专题现场实地调查，发现上述五个市（县）农户饲养的是历经长期混杂和杂交过的鸡类群，虽不同市县这些鸡的特征略有不同，但因地域毗邻，都具有体型偏小、耐粗饲、生活力强和肉质鲜美等特点。分批收集种蛋作为新品种培育的育种素材。

三、新品种培育阶段

2002 年到 2008 年是新品种培育的实施阶段。京海黄鸡新品种选育的育种目标是优质型肉鸡新品种。根据这一目标，将直接从农户收集的育种素材建立零世代育种基础群，制定育种方案，采用精细化和专门化育种技术，从零世代到七世代，共经历了 8 个世代的闭锁选育。在京海黄鸡选育过程中强调从经济角度审视多个性状间的相关性；从遗传改进上测定各世代的变异性；从生产性能表现上分析不同阶段的特殊性；从性状属性上锁定质量性状与数量性状的区别性；从选择方法上关注现代分子育种的先进性。

四、中试推广配套技术研究阶段

2006 年京海黄鸡通过江苏省畜禽品种审定委员会审定后，课题组加速了京海黄鸡中试推广配套技术的研制步伐，先后制定了“京海黄鸡（种鸡）饲养技术规程”、“无公害农产品京海黄鸡（肉鸡）饲养技术规程”和“无公害农产品京海黄鸡孵化技术规程”企业标准。2008 年京海黄鸡通过国家畜禽遗传资源委员会审定后，通过配套技术的进一步深入研究，制定了“京海黄鸡”、“京海黄鸡种鸡饲养管理技术规程”、“京海黄鸡孵化技术规程”、“京海黄鸡肉仔鸡饲养管理技术规程”等 4 个省级地方标准和多个企业生产标准。同时，创建了适合优质肉鸡新品种京海黄鸡示范、推广应用与技术转移的新模式，充分发挥科研、生产、推广三结合的优势，建立了京海黄鸡良种繁育体系与标准化生产体系，提升了京海黄鸡产业化程度；创新组织模式，加强利益联结，提升了产业组织化水平，有效抵抗养殖风险，延伸了京海黄鸡的产业链。2007 年被江苏省农林厅（现为江苏省农业委员会）确定为江苏省畜禽主推品种。

五、杂交配套系培育及开发应用阶段

在京海黄鸡培育的同时，根据国内优质鸡市场调研和优质鸡遗传资源的调研结果，制定了优质京海黄鸡杂交配套系培育方案，有目的、有计划地引进了 9 个具有鲜明特色或突出优点的优质鸡遗传资源，用于杂交配套系培育生产商品肉鸡。首先对引进的优质鸡资源进行适应性观察、性能测定和提纯复壮等前期工作。同时根据杂交配套系选育理论，针对杂交配套系父本、母本选育的不同要求，通过闭锁培育，提高引进资源群体的生产性能和遗传稳定性，培育专门化品系，在此基础上进行二系、三系杂交组合配合力测定，筛选出最佳组合，培育杂交配套系用于优质肉鸡生产。

第七节　京海黄鸡品种选育单位基本情况

京海黄鸡新品种选育以扬州大学王金玉教授为首席专家，选育团队现有 20 名技术人员，其中正高职称 10 名、副高职称 5 名、中初级职称 5 名；此外扬州大学动物遗传育种与繁殖学科先后有 20 多名博士、硕士研究生参与科学研究。团队成员训练有素、严谨求实、思想

活跃、团结创新。参加京海黄鸡新品种培育的单位有江苏京海禽业集团有限公司、扬州大学和江苏省畜牧总站。

一、江苏京海禽业集团有限公司

江苏京海禽业集团有限公司的前身是海门市京海肉鸡集团公司，始建于1985年，是江苏省产学研联合培养研究生示范基地和经国家八部委认定的首批农业产业化国家重点龙头企业及国家人力资源和社会保障部批准的博士后科研工作站。20多年来，在各级政府及有关部门的亲切关怀和大力支持下，企业已经走过了一段不平凡的发展历程。经过了20世纪80年代的创业、90年代的积累和新世纪初的升级，现已发展成为集种鸡繁育、肉鸡饲养、饲料加工、肉鸡加工、科研推广于一体的综合性科技型企业，占地3 000余亩，下设两个中美合资企业及集团下辖的19个二级独立核算下属企业的大型农牧企业；祖代种鸡规模创江苏之最，全国同行第四。种雏销售遍及全国26个省、市、自治区。集团公司创建的“3+2”产业模式，联结农户，组成农村合作经济组织和专业化生产基地，通过发展种鸡和商品生产，带动农民走上养鸡致富道路，京海肉鸡专业生产合作社也因此被列入“全国农民专业合作组织示范试点单位”和“全国农民专业合作组织先进集体”，是全省乃至华东地区最先取得ISO9001（2000）、ISO14000（1996）、HACCP、无公害农产品、绿色食品A级产品五大认证单位，其产业化经营带动农民养鸡致富的做法，得到了有关领导的充分肯定。2005年9月获得国家八部委联合授予的“全国农业产业化优秀龙头企业”荣誉称号，2005年12月被省政府授予“AAA重合同、守信用企业”。企业已成为国家高技术产业化项目示范基地，江苏省高新技术企业，江苏省企业研究生工作站，院士工作站，博士后科研工作站。

二、扬州大学

扬州大学是江苏省属重点综合性大学，江泽民同志为学校亲笔题写校名。扬州大学动物遗传育种与繁殖学博士点为国家重点（培育）学科、江苏省优势学科、江苏省重点学科、江苏省产学研联合培养研究生示范基地、江苏省动物繁育与分子设计重点实验室和博士后流动站。数十年间该学科形成了务实、严谨、勇于进取的学风，造就了一个训练有素、思想活跃的学术群体，学科选定国际前沿并与国民经济发展密切结合的研究方向进行长期不懈的研究。尤其是遗传标记与动物育种、动物遗传资源评价保护与利用、数量遗传与动物育种、动物生殖调控研究与应用、动物胚胎工程与生物技术等5个稳定的研究方向，特色鲜明、互相渗透。

该学科点近年来承担国家发展与改革委员会、国家“863”、国家“973”、国家科技支撑计划、国家自然科学基金以及部省级科研项目70余项，拥有分子遗传、细胞遗传、生化遗传、胚胎工程、转基因工程等6个实验室。先后主持和参与培育成功新扬州鸡、扬州鹅、新淮猪、苏姜猪等多个畜禽新品种。

三、江苏省畜牧总站

江苏省畜牧总站是江苏省农业委员会直属事业单位，先后承担过国家和部省级科研攻关、技术推广项目40余项，并获省级以上科技进步奖20余项。组织实施全省畜禽品种资源的保护与开发利用规划，指导畜禽品种资源保护、新品种培育和种畜禽生产经营活动，先后参与多个畜禽品种的培育工作。

第八节　京海黄鸡的种质特性

一、体型外貌特性

选育后的京海黄鸡，体型紧凑，具有黄羽、黄喙、黄脚三黄特征。主翼羽、颈羽、尾羽末端有黑色斑羽。红色单冠，冠齿4～9个，肉垂呈椭圆形，颜色鲜红。胫细光滑，无胫羽。京海黄鸡300日龄体尺见表1。

表1　京海黄鸡300日龄体尺

性别	n	体斜长（cm）	胸宽（cm）	胸深（cm）	龙骨长（cm）	骨盆宽（cm）	胫长（cm）
公（♂）	30	19.85±0.39	6.56±0.28	10.91±0.54	9.91±0.07	6.58±0.14	8.89±0.25
母（♀）	30	16.95±0.43	6.13±0.38	8.12±0.43	8.85±0.09	6.04±0.08	6.93±0.28

京海黄鸡皮肤呈黄色或白色，蛋壳呈浅褐色或褐色，浅褐色壳和褐色壳鸡蛋的比例为91.8%，蛋形指数在1.28～1.33，蛋比重平均为1.08g/cm^3，蛋壳强度平均为4.77kg/cm^2，蛋壳厚度平均为0.32mm。

二、性能指标

1. 京海黄鸡的杂羽率、青脚率选育效果　京海黄鸡经七个世代选择，杂羽率由零世代的48%逐步降到七世代的0.08%。青脚率由零世代的20%降到七世代的0.01%。

2. 京海黄鸡零～七世代不同日龄体重改进量　京海黄鸡经七个世代选育，84日龄和112日龄均达到或超过选育目标。七世代112日龄公鸡平均体重1 345g，超过育种目标95g；母鸡从一世代的947g上升到七世代的1129g，超过育种目标129g左右。

3. 京海黄鸡成年鸡体重　经选育的京海黄鸡成年公鸡体型中等，体重2 000g左右，母鸡成年体重1 600g左右。有J带品系体型小，成年体重1 500g左右；无J带品系体型中等，成年体重1 710g左右。

4. 京海黄鸡零～七世代产蛋性能改进量　经选育，京海黄鸡300日龄产蛋数从零世代108个上升到七世代115个，蛋重稳定在49g左右。京海黄鸡5%产蛋率为113天，最高产蛋率为83.37%，25周龄达到产蛋高峰期，66周龄饲养日产蛋数为195.21个，平均产蛋率为60.20%。

5. 京海黄鸡的繁殖性能　京海黄鸡选育过程中采用人工授精，种蛋受精率达91%以上，受精蛋孵化率达95%，入孵蛋孵化率达86%，健雏率达98%以上。

6. 京海黄鸡的屠宰性能和肉品质　京海黄鸡112日龄屠宰率为91.30%，半净膛率为82.53%，全净膛率为67.13%，胸肌率为14.89%，腿肌率为19.46%，腹脂率1.41%，肉骨比为4.62，胸肌pH为5.92，腿肌pH为6.37，胸肌粗蛋白为23.32%，腿肌粗蛋白为20.45%，胸肌粗脂肪为1.08%，腿肌粗脂肪为4.56%，胸肌粗灰分为1.75%，腿肌粗灰分为1.24%，胸肌硫胺素0.28mg/kg，腿肌硫胺素为0.53mg/kg，胸肌肌苷酸为4.25mg/g，腿肌肌苷酸为2.73mg/g。

7. 京海黄鸡主要性状的遗传参数 京海黄鸡300日龄蛋重重复力为0.69，蛋重遗传力为0.54；体重遗传力为0.26～0.27，300日龄产蛋数遗传力在0.13左右，300日龄产蛋数与112日龄体重遗传相关为－0.35。京海黄鸡的15个微卫星位点的遗传信息表明，15个位点的每个位点的杂合度（H_i）在0.70～0.80之间，多态信息含量（*PIC*）在0.417 8～0.869 3之间。经计算，第七世代核心群3 040只个体的近交系数为0.008%。

第二章

京海黄鸡新品种选育及遗传基础研究

第一节　京海黄鸡育种数据信息库与留种率

一、育种数据资料信息库的建立

课题组围绕京海黄鸡培育重要环节和重点选育性状，精心挖掘江海平原苏中地区历经长期遗传漂变、迁移的宝贵的地方鸡群为育种素材，采用闭锁繁育方法，迅速提纯复壮，提高了遗传稳定性。在此基础上系统建立了“京海黄鸡血缘信息库”、“京海黄鸡繁殖性能信息库”、“京海黄鸡选配信息库”、“京海黄鸡选种信息库”、“京海黄鸡生长发育信息库”、“京海黄鸡分子标记信息库”、“京海黄鸡种公鸡精液质量信息库”、“京海黄鸡抗病抗逆信息库”、“京海黄鸡饲料报酬信息库”9 个电子文档和纸质文档的数据资料信息库，信息库中数据记录完整、准确、翔实，为京海黄鸡各性状的遗传改进发挥了重要作用。

二、体型外貌的选育

1. 体型外貌性状选择方法　体型外貌是一个品种区别于另一个品种的最显著的特征之一，也是一个品种遗传稳定性好坏的重要衡量指标之一。根据对育种素材的调查分析，虽然京海黄鸡育种基础群已初步具有一定的三黄特征，体型、体态也较优美，但整个群体上述性状的遗传变异程度大，后代分离现象严重。

外貌性状选择采用独立淘汰法，出雏时淘汰杂羽；8 周龄和 16 周龄时选留黄羽、黄喙、黄脚、无胫羽、无多趾、非弯龙骨、单冠直立、冠齿数 4～9 个、羽毛紧凑的个体；16 周龄时淘汰左右耳叶大小不对称的个体。以公鸡的鸡冠高度和面积来选择公鸡的性成熟性能，从 2 周龄开始分别多次观察与测量公鸡鸡冠的最高点到头部的垂直距离以及该冠齿底部到头部垂直距离的平均数作为各个体的数据，计算家系平均数，根据家系成绩进行选种。

2. 各世代杂羽率、青脚率改进量　经七个世代选择，京海黄鸡杂羽率由零世代的 48.00％逐步降到七世代的 0.08％；青脚率由零世代的 20.00％降到七世代的 0.01％。

表 2　京海黄鸡杂羽率、青脚率

世代	出雏数（只）	杂羽率（％）	青脚率（％）
0	9 235	48.00	20.00
1	6 742	18.01	10.10
2	5 579	10.10	4.20

（续）

世代	出雏数（只）	杂羽率（%）	青脚率（%）
3	4 417	5.90	1.10
4	8 873	3.60	0.80
5	10 190	1.00	0.60
6	17 274	0.30	0.20
7	14 004	0.08	0.01

三、各世代家系数和留种率

公鸡留种率控制在2%～5%，母鸡留种率在20%～50%。京海黄鸡各世代实际家系数和留种数见表3，京海黄鸡各世代留种率见表4。

表3 京海黄鸡各世代家系数和留种数

世代	家系数	出雏数（只）		留种数（只）									
				1日龄		8周龄		12周龄		16周龄		300日龄	
		公（♂）	母（♀）	公（♂）	母（♀）	公（♂）	母（♀）	公（♂）	母（♀）	公（♂）	母（♀）	公（♂）	母（♀）
0	154	4 910	4 325	1 730	3 657	659	3 282	558	2 208	182	1 848	170	1 675
1	147	3 506	3 236	2 787	2 449	1 554	1 859	1 078	1 715	170	1 690	150	1 435
2	135	2 790	2 789	526	2 358	444	2 217	373	2 099	131	1 337	120	1 187
3	152	2 031	2 386	542	2 264	443	2 118	434	2 050	121	1 426	102	1 009
4	216	4 464	4 409	575	4 021	530	3 522	459	3 255	322	2 159	150	1 454
5	216	5 101	5 089	872	4 272	577	3 608	540	3 552	178	2 107	130	1 252
6	304	8 775	8 499	1 925	4 898	1 832	4 717	1 048	3 946	400	3 752	210	2 035
7	304	7 044	6 960	1 484	5 941	1 124	5 113	612	4 275	446	3 713	304	3 040

表4 京海黄鸡各世代留种率

世代	家系数	出雏数（只）		留种率（%）									
				1日龄		8周龄		12周龄		16周龄		300日龄	
		公（♂）	母（♀）	公（♂）	母（♀）	公（♂）	母（♀）	公（♂）	母（♀）	公（♂）	母（♀）	公（♂）	母（♀）
0	154	4 910	4 325	35.23	84.55	13.42	75.88	11.36	51.05	3.71	42.73	3.46	38.73
1	147	3 506	3 236	79.49	75.68	44.32	57.45	30.75	53.00	4.85	52.22	4.28	44.34
2	135	2 790	2 789	18.85	84.55	15.91	79.49	13.37	75.26	4.70	47.94	4.30	42.56
3	152	2 031	2 386	26.69	94.89	21.80	88.77	21.37	85.92	5.96	59.77	5.02	42.29
4	216	4 464	4 409	12.88	91.20	11.87	79.88	10.28	73.83	7.21	48.97	3.36	32.98
5	216	5 101	5 089	17.09	83.95	11.31	70.90	10.59	69.80	3.49	41.40	2.55	24.60
6	304	8 775	8 499	21.94	57.63	20.88	55.50	11.94	46.43	4.56	44.15	2.39	23.94

第二节　京海黄鸡生长性状选育

一、早期体重有关候选基因及分子标记基础研究

1. DNA 指纹分子标记 J 带与体重的相关性研究　在国家自然科学基金、江苏省农业高新技术项目的资助下，课题组成员进行 DNA 指纹技术研究，即以 EAV（禽内源性反转录病毒片段）为探针，以 EcoR Ⅰ 为限制性内切酶，进行 DNA 指纹检测，发现 DNA 指纹图谱中长度为 3.48kb 的 J 条带对新扬州鸡、萧山鸡、SR92 A 系鸡、京海黄鸡 4 个群体早期不同周龄体重均有显著或极显著的影响，且无 J 带（J^-）的个体平均增重高于有 J 带（J^+）的个体。同时研究也证实该遗传标记在京海黄鸡、新扬州鸡和萧山鸡 3 个品种连续不同世代 J 带的遗传效应和单个群体研究的结果相同，DNA 指纹 J 带是影响鸡早期增重的分子标记。研究成果属课题组首次发现。

随机检测了用于培育 J^+ 和 J^- 新品系的京海黄鸡基础群，EcoR Ⅰ 酶切 EAV/DNA 指纹检测，发现 J 带出现的频率为 54%；条带 J 与鸡群 8 周龄、12 周龄、18 周龄、43 周龄体重均呈显著负相关；无 J 带的鸡群平均体重高于有 J 带的鸡群。J 带有无对京海黄鸡体重的影响见表 5。

表 5　J 带有无对京海黄鸡体重的影响

周龄	全群体重（50）	有 J 带群体体重（27）	无 J 带群体体重（23）
4	210.82±22.31	208.22±22.64^a	213.87±22.01^a
6	344.02±36.29	336.22±34.48^a	352.39±37.33^a
8	531.60±67.61	513.07±66.32^a	553.35±63.78^b
12	871.60±77.70	828.96±43.94^a	921.65±79.46^b
18	1 133.38±113.58	1 064.33±84.07^a	1 217.91±80.91^b
43	1 602.16±156.57	1 508.44±126.20^a	1 712.17±111.13^b

注：同行比较，标准差右上角不同小写字母表示差异显著（$P<0.05$）。

2. 分子标记 J 带与 OPAY02－C 型 SCAR 标记与京海黄鸡体重的相关性研究　在江苏省农业高新技术项目的资助下，课题组成员用 RAPD 技术，用大量随机引物对新扬州鸡群体池 DNA 进行了筛选，进而分析多态性条带与新扬州鸡早期生产性能的关系，研究发现，特定 OPAY02－C 型 RAPD 遗传标记与早期生产性能关系密切，为了进一步证实该标记的有效性，将 RAPD OPAY02 随机引物扩增的 1 660bp（S_1）和 2 326bp（S_2）标记转换为 SCAR 标记，研究证实该遗传标记遗传性稳定，其分离情况符合孟德尔自由组合遗传传递规律。且 S_1 标记和 S_2 标记分别对京海黄鸡、新扬州鸡 12、18 和 43 周龄体重有显著影响，其中 S_1 标记表现为减效效应，而 S_2 标记表现为增效效应。在两个 SCAR 标记组合研究中，发现遗传标记 $S_1^-S_2^+$ 组合的效应最大，显著地高于其他组合。

SCAR 标记 S_1 片段 F：5′－TGCGAAGGCTGGAGATGGTATGAT－3′，R：5′－TGCGAAGGCTCGTAAGGACGTTCG－3′；SCAR 标记 S_2 片段 F：5′－TGCGAAGGCT-GAATATTAATCCTA－3′，R：5′－TGCGAAGGCTGGTTTGACTGAAA－3′。表 6 是

SCAR 标记 S_1 和 S_2 不同组合群体各周龄体重比较结果，由表 6 可见，在京海黄鸡 4、6、8 周龄时，不同 SCAR 标记组合间无显著差异，但在 12、18、43 周龄时存在显著或极显著的差异，且均是 $S_1^-S_2^+$ 组合的体重显著或极显著地高于其他群体。

表 6　S_1 与 S_2 标记 4 个不同组合群体的体重

周龄	S_A 群体体重（g）	S_B 群体体重（g）	S_C 群体体重（g）	S_D 群体体重（g）
4	216.91±26.90	198.00±16.85	220.92±17.45	205.94±21.81
6	346.45±39.02	330.33±37.35	360.00±29.82	337.47±36.81
8	530.64±55.38	517.89±97.15	550.69±62.81	524.88±62.90
12	868.55±45.32^{bAB}	814.00±46.07^{bB}	934.46±80.10^{aA}	856.00±77.38^{bB}
18	1 119.64±113.17^{bAB}	1 044.78±53.43^{bB}	1 225.23±74.41^{aA}	1 118.94±119.60^{bB}
43	1 598.91±118.15^{bAB}	1 433.78±97.98^{cC}	1 741.85±96.10^{aA}	1 586.59±150.21^{bB}

注：S_A、S_B、S_C、S_D 分别表示 $S_1^+S_2^+$、$S_1^+S_2^-$、$S_1^-S_2^+$、$S_1^-S_2^-$ 不同 SCAR 标记组合；同行比较，标准差右上角不同小写字母表示差异显著（$P<0.05$）、大写字母表示差异极显著（$P<0.01$）。

结合 EAV/DNA 指纹 J 带和 SCAR 标记技术，以京海黄鸡、新扬州鸡等品种为素材，联合两种分子标记，研究分子标记聚合与生产性能的关系。在 JS_1 组合中，$J^-S_1^-$ 组合的效应最大。在 JS_2 组合中，$J^-S_2^+$ 组合的效应最大。在 3 个标记组合中 $J^-S_1^-S_2^+$ 组合的效应最大。$S_1^-S_2^+$、$J^-S_1^-$、$J^-S_2^+$ 和 $J^-S_1^-S_2^+$ 组合对京海黄鸡 12、18 和 43 周龄体重有显著影响。在标记互作效应分析中，J 带、S_1 标记和 S_2 标记两两组合间均无显著性互作效应存在。综合研究表明，可以将 J 带和两个 SCAR 标记聚合，实施鸡体重性状的标记辅助选择。

根据京海黄鸡（50 只）抽样检查结果，S_1^+、S_1^-、S_2^+、S_2^- 出现的频率分别为 0.40、0.60、0.48 和 0.52。京海黄鸡 J 带和 SCAR 标记 7 个不同组合的体重见表 7。由表 7 可见，$J^-S_1^-S_2^+$ 组合无论是在 12、18 周龄还是 43 周龄，其体重均显著大于其他组合。

表 7　J 带与 S_1 和 S_2 标记 7 个不同组合群体的体重

组合	4 周龄体重（g）	6 周龄体重（g）	8 周龄体重（g）
$J^+S_1^+S_2^+$	221.75±29.13	346.25±45.73	519.00±33.96
$J^+S_1^+S_2^-$	198.00±36.85	330.33±37.35	517.89±37.15
$J^+S_1^-S_2^+$	211.00±24.24	348.50±32.12	543.00±27.28
$J^+S_1^-S_2^-$	199.50±29.67	332.00±22.53	494.25±36.74
$J^-S_1^+S_2^+$	204.00±37.44	347.00±27.09	561.67±96.38
$J^-S_1^-S_2^+$	228.36±27.79	362.09±32.18	562.09±55.68
$J^-S_1^-S_2^-$	211.67±22.20	342.33±27.01	552.11±30.43

（续）

组合	12 周龄体重（g）	18 周龄体重（g）	43 周龄体重（g）
$J^+S_1^+S_2^+$	857.50±39.46[bcBC]	1 088.25±76.15[bcB]	1 571.75±133.75[bcBC]
$J^+S_1^+S_2^-$	814.00±46.07[cC]	1 044.78±83.43[cB]	1 433.78±121.98[cC]
$J^+S_1^-S_2^+$	844.00±22.63[bcBC]	1 160.00±67.88[abcB]	1 671.00±123.10[abAB]
$J^+S_1^-S_2^-$	813.50±39.48[cC]	1 028.50±60.39[cB]	1 473.00±100.37[cC]
$J^-S_1^+S_2^+$	898.00±55.03[aAB]	1 203.33±68.68[abAB]	1 733.33±103.36[aAB]
$J^-S_1^-S_2^+$	950.91±75.60[aA]	1 237.09±71.96[aA]	1 743.45±101.34[aA]
$J^-S_1^-S_2^-$	893.78±84.86[abABC]	1 199.33±99.82[abAB]	1 687.56±130.87[abAB]

注：同列比较，标准差右上角不同小写字母表示差异显著（$P<0.05$）、大写字母表示差异极显著（$P<0.01$）；上标＋、－表示该标记有无。

根据 DNA 指纹图谱中的条带 J 在不同群体中证实的遗传效应以及 Falconer 的双向选择理论，在京海黄鸡新品种培育中进行标记辅助选择，建立了有 J 带的慢长品系和无 J 带的快长品系 2 个。并且在品系选育的过程中，将 OPAY－SCAR 分子标记 $S_1^-S_2^+$ 聚合到无 J 带的品系中，使该品系 10 周龄和 16 周龄体重分别比大群提高 10.3% 和 14.1%。

3. 肌肉生长抑制素（Myostatin）**基因与京海黄鸡体重的相关性研究**　肌肉生长抑制素（Myostatin，MSTN）是近年来发现的一个重要的肌细胞生长调控因子，属 TGF－β 超家族成员之一，主要分布在骨骼肌，对肌肉生长起负调控作用。Myostatin 作为骨骼肌生长的负调节因子，引起生物界科学家的广泛关注。研究 Myostatin 基因的结构和功能对于阐明骨骼肌生长发育的调控机理具有十分重要的理论意义。

课题组（2007）在国家发展与改革委员会生物育种专项以及国家肉鸡产业技术体系等项目的资助下，以京海黄鸡为试验材料，采用 PCR－SSCP 和 PCR 产物直接测序的方法，检测了 Myostatin 基因的单核苷酸多态性，并以此为依据，对京海黄鸡进行了群体遗传学分析，将 Myostatin 基因单核苷酸多态性与京海黄鸡群体的各周龄体重进行了关联分析。研究结果表明：根据外显子 1 设计的引物 P1 检测到一个 G→A 的单核苷酸突变，形成的 3 种基因型分别命名为 AA、AB 和 BB，统计分析表明，该位点对京海黄鸡生长早期的各周龄体重有显著的影响（$P<0.05$），且 BB 型体重显著高于 AB 型（$P<0.05$）。同样，根据该基因外显子 3 设计的引物 P3 检测到一个 C→T 的单核苷酸突变，形成的基因型 CC、CD 和 DD 对京海黄鸡的 1～8 周龄体重也存在显著的影响（$P<0.05$），且 DD 型体重显著高于 CC 型和 CD 型（$P<0.05$）。

课题组（2011）对边鸡的研究结果也表明，根据外显子 1 设计的引物 P1 位点单核苷酸突变形成的 3 种基因型也与其早期体重有密切的关系；综合不同鸡品种的研究结果表明：Myostatin 基因的单核苷酸突变对鸡生长早期的各周龄体重具有重要作用，可以作为与鸡早期体重有关的分子遗传标记用于育种。引物 P1、P3 扩增片段不同基因型与京海黄鸡体重的关系分别见表 8、表 9。

表8　引物P1扩增片段不同基因型与京海黄鸡体重的关系

基因型	个体数	基因型频率	初生重（g）	1周龄（g）	4周龄（g）	8周龄（g）	12周龄（g）
AA	3	0.021 3	30.00±0.00[b]	50.50±3.19[a]	196.50±45.21[a]	580.50±66.06[a]	1 004.50±124.94[a]
AB	37	0.262 4	29.44±2.61[a]	52.78±4.83[a]	212.11±26.40[a]	601.44±91.49[a]	1 033.39±158.16[a]
BB	101	0.716 3	30.76±3.22[b]	55.26±6.32[b]	225.57±35.35[b]	647.45±104.05[b]	1 156.09±357.21[b]

注：同列比较，标准差右上角不同小写字母表示差异显著（P<0.05）、大写字母表示差异极显著（P<0.01）。

表9　引物P3扩增片段不同基因型与京海黄鸡体重的关系

基因型	个体数	基因型频率	初生重（g）	1周龄（g）	4周龄（g）	8周龄（g）	12周龄（g）
CC	62	0.439 7	31.21±3.23[a]	55.00±6.80[ab]	217.45±34.54[a]	620.32±92.37[a]	1 076.19±174.75[a]
CD	57	0.404 3	29.46±2.64[b]	52.95±4.52[a]	219.41±31.52[a]	624.04±95.66[a]	1 142.30±440.29[a]
DD	22	0.156 0	30.48±3.12[ab]	57.05±6.22[b]	237.33±36.26[b]	698.38±123.79[b]	1 189.52±235.13[a]

注：同列比较，标准差右上角不同小写字母表示差异显著（P<0.05）、大写字母表示差异极显著（P<0.01）。

4. 胰岛素样生长因子（IGF）及其受体（IGFR）、结合蛋白（IGFBP）基因与京海黄鸡早期体重的相关性研究　在京海黄鸡的培育过程中，在国家发展与改革委员会生物育种专项以及国家肉鸡产业技术体系等项目的资助下，进行了胰岛素样生长因子（IGFs）及其受体（IGFR）、结合蛋白（IGFBP）基因与京海黄鸡早期体重的相关性研究。

——京海黄鸡IGF-Ⅰ基因SNPs及其与早期体重关系的研究

胰岛素样生长因子（IGFs）是一组生长激素（GH）依赖性多肽，又称生长介素。在细胞生长、分化、增殖和个体的生长发育中介导GH蛋白同化作用和促有丝分裂，对骨骼肌的生长和修复起调节作用，是调节动物生命活动的最重要的几个多肽生长因子之一。有研究表明IGF-1水平与日粮蛋白的变化、能量的摄入量变化及采食量等营养因素有关，IGF-1浓度与蛋用性状相关相对较小。鸡IGF-1基因定位于1号染色体短臂近着丝粒处（1p1.4～p1.3），由70个氨基酸残基组成，分子量约为76 kD，包括4个外显子和3个内含子，外显子2和外显子3编码成熟的生长因子-1多肽，而外显子1和外显子4分别编码N端和C端肽以及一些非翻译序列，鸡IGF-1基因进化上相当保守。

课题组（2009）以京海黄鸡为试验材料，江村黄鸡、石歧杂鸡、溧阳鸡为对照，根据胰岛素样生长因子IGF-1外显子1和3设计的引物中，有2对引物可以扩增出多态，其引物分别为P1：F：5′-CACGGAAAATAAGGGAATGT-3′，R：5′-GTAAACTGCCTGCCTGTCTC-3′和P2：F：5′-TACACATCTACCACTGTCAT-3′，R：5′-TCCTCAGGTCACAACTCT-3′。P1和P2扩增产物经测序，发现2个SNP位点，分别发生了T→A和G→A的单碱基突变，各有3种基因型，京海黄鸡P1位点偏离Hardy-Weinberg平衡状态（P<0.01）。最小二乘方差分析结果见表10和表11。

由表10可见，京海黄鸡无论是0周龄、4周龄、8周龄、12周龄，还是300日龄体重外显子1检测到的3种基因型均是AA型显著高于其他两种基因型；江村黄鸡只有12周龄和300日龄时的体重AA型显著或极显著地高于BB基因型；石歧杂鸡只有300日龄时的体重AA型极显著高于BB基因型；而溧阳鸡经统计分析，4个测定时间点的体重比较，3种基因型间比较差异均不显著。同时由表10还可见，虽然4个鸡群体不同时间点测定的体重3种基因型间比较，统计学意义上的差异显著性并不完全一致，但4个不同鸡群体、3种基因型的不同时间点体重变化总体趋势一致，均为AA型体重高于其他两种基因型。

表10 P1位点（外显子1）与不同黄羽鸡群体生长性能的关系

群体	体重（g）	P1位点基因型		
		AA	AB	BB
京海黄鸡	1日龄	31.67±3.07[a]	30.32±3.35[ab]	28.67±3.11[b]
	4周龄	213.57±34.27[a]	189.58±31.68[b]	185.17±30.42[b]
	8周龄	506.98±99.17[a]	492.74±71.77[ab]	443.08±48.43[b]
	12周龄	986.60±152.71[a]	903.26±146.23[b]	898.08±131.40[ab]
	300日龄	2 072.53±43.20[a]	1 886.37±397.50[b]	1 847.17±331.19[b]
江村黄鸡	1日龄	29.00±3.34	28.14±3.28	29.67±2.94
	4周龄	185.50±20.33	161.00±27.81	163.60±33.63
	8周龄	502.32±91.55	458.00±109.26	429.00±128.40
	12周龄	921.16±122.00[A]	862.23±94.89[AB]	806.67±97.50[B]
	300日龄	1 890.22±224.19[A]	1 592.31±164.18[B]	1 527.67±194.16[B]
石歧杂鸡	1日龄	35.00±3.83	37.22±3.73	35.25±2.82
	4周龄	342.00±59.62	352.00±26.66	310.00±77.21
	8周龄	1 030.50±98.50	1 010.44±56.70	1 009.00±57.81
	300日龄	3 270.00±339.25[A]	3 158.44±270.75[AB]	3 001.13±294.62[B]
溧阳鸡	4周龄	260.57±54.27	253.58±52.49	237.60±76.04
	8周龄	673.00±103.29	652.56±147.89	599.67±168.98
	12周龄	1 130.14±142.75	1 122.45±184.17	1 109.67±328.63
	300日龄	2 721.33±159.52	2 712.26±346.61	2 605.50±266.52

注：同行比较，标准差右上角不同小写字母表示差异显著（$P<0.05$）、大写字母表示差异极显著（$P<0.01$），未标记的比较差异不显著（$P>0.05$）。

表11 P2位点（外显子3）与不同黄羽鸡群体生长性能的关系

群体	体重（g）	P2位点基因型		
		CC	CD	DD
京海黄鸡	1日龄	32.08±2.48	32.40±1.67	31.00±1.41
	4周龄	215.56±23.45	212.80±29.99	191.00±24.04
	8周龄	460.72±55.23	481.50±77.53	433.00±24.04
	12周龄	901.25±70.66	923.00±77.59	834.00±112.10
	300日龄	1 913.64±221.02[a]	1 848.00±190.14[ab]	1 614.00±192.33[b]

（续）

群体	体重（g）	P2 位点基因型		
		CC	CD	DD
江村黄鸡	1 日龄	28.25±3.42	29.08±2.25	29.27±4.03
	4 周龄	166.53±30.50	178.62±24.05	178.36±25.89
	8 周龄	426.00±99.12A	516.46±95.35B	493.27±105.23AB
	12 周龄	875.60±122.44	910.50±114.26	862.82±111.27
	300 日龄	1 816.93±253.42A	1 669.54±259.52AB	1 659.11±225.58B
石歧杂鸡	1 日龄	34.40±3.24A	37.13±2.59AB	38.67±4.16B
	4 周龄	343.00±33.96	315.75±83.96	353.33±27.74
	8 周龄	1 031.20±49.33	994.25±72.80	1 007.33±84.88
	300 日龄	3 168.60±326.63	3 103.88±234.21	2 999.33±294.62
溧阳鸡	4 周龄	255.56±54.31	261.50±63.08	242.57±60.75
	8 周龄	655.09±146.88	694.00±120.87	617.50±105.51
	12 周龄	1 135.03±211.41	1 030.00±69.95	1 124.00±143.99
	300 日龄	2 727.04±306.26	2 648.67±127.06	2 702.67±336.44

注：同行比较，标准差右上角不同小写字母表示差异显著（P＜0.05）、大写字母表示差异极显著（P＜0.01），未标记的比较差异不显著（P＞0.05）。

表 11 是 4 个鸡群体 3 种基因型不同生长阶段体重的比较结果，由表 11 可见京海黄鸡、江村黄鸡和石歧杂鸡在部分阶段基因型间的体重有显著或极显著的差异，但各种基因型对体重的效应情况各不相同；300 日龄体重总体趋势是 CC 基因型大于其他两种基因型，但只有京海黄鸡、江村黄鸡基因型间比较有显著或极显著的差异。效应分析结果同时还说明外显子 3 单核苷酸突变的作用没有外显子 1 突变的作用效应大，所以在京海黄鸡的选育上可以尝试用外显子 1 突变对体重的影响来进行增重选育。

课题组（2010）根据上述研究结果，在京海黄鸡选育群中，通过对 7、8 和 9 连续 3 个世代采集的血样进行外显子 3 序列 PCR－SSCP 单核苷酸检测，所用引物 P2 序列为 F：5′－TACACATCTACCACTGTCAT－3′，R：5′－TCCTCAGGTCACAACTCT－3′，P2 引物（外显子 3）检测的 G→A 突变位点形成的 3 种基因型及基因频率，以及群体平衡性卡方检验的卡方值见表 12。结果发现，C 等位基因随着世代数的增加不断减少，而 D 基因频率逐代增加，选择改变了这一位点的基因频率，同时改变了基因型频率，打破了群体平衡。7、8、9 三个世代之间基因型分布差异显著性卡方测验结果见表 13，由表 13 可见，不同世代间基因型分布差异显著（P＜0.05）或极显著（P＜0.01）；由表 14 可见，该位点遗传杂合度随世代数的增加而升高，3 个世代多态信息含量在 0.349～0.373，均呈中度多态。根据上述研究结果可初步推断，对体重的选留，确实对 IGF－Ⅰ该位点的基因或基因型频率造成了影响，或可以推测该位点的基因频率的改变对增重会产生影响，可作为遗传标记用于育种实践。

表 12　P2 引物（外显子 3）突变位点基因、基因型频率及卡方值

世代	基因型频率			等位基因频率		
	CC	CD	DD	C	D	适合性 χ^2
7	0.42（127）	0.47（141）	0.11（33）	0.66	0.34	0.44
8	0.25（25）	0.60（60）	0.15（15）	0.55	0.45	4.50*
9	0.21（25）	0.48（56）	0.31（36）	0.45	0.55	0.14

注：$df=1$，$\chi^2_{0.05(1)}=3.84$，$\chi^2_{0.01(1)}=6.64$。

表 13　不同世代 P2 引物（外显子 3）突变位点基因型分布显著性概率值

世代	7	8
8	0.009**	
9	0.000**	0.024*

注：** 表示差异极显著（P<0.01），* 表示差异显著（P<0.05）。

表 14　不同世代 P2 引物（外显子 3）突变位点基因遗传多态性

世代	纯合度	杂合度	多态信息含量	有效等位基因数
	（Ho）	（He）	（PIC）	（Ne）
7	0.549	0.451	0.349	1.823
8	0.506	0.494	0.372	1.976
9	0.504	0.496	0.373	1.982

为了更全面研究 IGF－1 基因的作用，课题组还以京海黄鸡、AA 肉鸡和尤溪麻鸡为试验材料，在 IGF－1 基因的 5′非翻译区设计引物，采用 PCR－RFLP 技术对 IGF－Ⅰ基因 5′非翻译区（GenBank：EF488284）进行多态性检测。结果表明：在 5′非翻译区共检测到 2 个 SNP 突变位点。43bp 位置发生 A→G 的突变导致 Turl Ⅰ酶切位点发生改变，67bp 位置发生 A→G 的突变导致 Tai Ⅰ酶切位点发生改变。PCR－RFLP 结果显示 2 个突变位点完全连锁，产生 AA/CC、AB/CD 和 BB/DD3 种基因型。等位基因和基因型在 3 个品种中分布不一致，AA 肉鸡为纯合型（AA/CC），在京海黄鸡和尤溪麻鸡中出现 3 种基因型，说明快大型肉鸡和优质型肉鸡这两个位点形成的基因型不同，是否可以作为快大型肉鸡和优质型肉鸡区别的标志性分子标记，需进行进一步研究证实。不同鸡种 IGF－Ⅰ基因 Turl Ⅰ/Tai Ⅰ位点的基因频率和基因型频率见表 15。

表 15　不同鸡种 IGF－Ⅰ基因 Turl Ⅰ/Tai Ⅰ位点的基因频率和基因型频率

群体	检测结果	基因型			等位基因	
		AA/CC	AB/CD	BB/DD	A/C	B/D
AA 肉鸡	检出数	32	0	0		
	频率	1.00	0	0	1.00	0
京海黄鸡	检出数	16	47	21		
	频率	0.19	0.56	0.25	0.47	0.53

（续）

群体	检测结果	基因型			等位基因	
		AA/CC	AB/CD	BB/DD	A/C	B/D
尤溪麻鸡	检出数	9	18	3		
	频率	0.30	0.60	0.10	0.60	0.40

由表 15 可见，TrulⅠ和 TaiⅠ多态位点在 AA 肉鸡中均未检测到其他两种基因型组合，而在京海黄鸡和尤溪麻鸡中这 2 个多态位点均存在完全连锁。说明 AA 肉鸡可能不存在这样的 2 个酶切突变位点，或这 2 个突变位点基因频率极低，且在进化过程中这 2 个突变位点可能完全连锁作为一个整体进行遗传。从基因型频率来看，外来品种 AA 肉鸡全部为 AA/CC 型，培育品种京海黄鸡和地方鸡品种尤溪麻鸡以 AB/CD 型居多（0.56、0.60）；京海黄鸡等位基因 A/C 频率为 0.47，尤溪麻鸡等位基因 A/C 频率为 0.60。χ^2 适合性检验表明，在 IGF－Ⅰ基因 TurlⅠ/TaiⅠ酶切突变位点，京海黄鸡和尤溪麻鸡处于 Hardy－Weinberg 群体平衡状态，由于京海黄鸡是经选育的群体，所以可以推测该位点受选择的影响较小。该酶切位点在其他鸡品种中是否普遍存在，与鸡的生长、繁殖以及屠宰性状是否存在相关，需要进一步证明。

——京海黄鸡 IGF－Ⅱ基因 SNPs 及其与早期体重的关系研究

早在 1986 年就有学者提出 IGF－Ⅱ是以浓度依赖的方式刺激肌纤维的增殖与分化；1996 年的一项研究通过给 4 周龄的肉鸡注射 IGF－Ⅱ（0.5 mg/kg），结果发现 IGF－Ⅱ能影响腹脂的沉积。IGF－Ⅱ基因在鸡胚的早期发育中即开始表达，且在多种组织中均能检测到，在成体发育过程中，IGF－Ⅱ水平则相对较为恒定，IGF－Ⅱ对于鸡生长的生物学功能主要包括促进葡萄糖和氨基酸的吸收、提高 DNA 和蛋白质的合成、刺激各种细胞的增生等。有关研究还表明，IGF－Ⅱ的缺乏会引起人类身材矮小，其过度表达会引起肢端肥大；同时，该基因还与猪、鸡脂肪性状相关，影响着动物胚胎的生长分化，参与多种物质代谢的调节。IGF－Ⅱ含量的增加导致禽类游离脂肪酸含量和腹脂含量的加大。已经发现，猪、牛、鸡等畜禽 IGF－Ⅱ基因具有丰富的单核苷酸多态性，这些多态位点与生产性状有一定的相关性。

课题组（2008）参考鸡 IGF－Ⅱ部分基因序列（GenBank：S82960S2）设计 8 对引物，采用 PCR－SSCP 技术检测京海黄鸡 IGF－Ⅱ基因，结果有 3 对引物检测到 SNPs 位点，其引物分别为 P1 序列为 F：5′－GGAGGAGTGCTGCTTTCCG－3′，R：5′－TTTC-CCTTTTCTCCTCTTTC－3′；P2 序列为 F：5′－GATGACCAGTGGGACGAAAT－3′，R：5′－AAGCAGCAGATCATAGAGCA－3′；P3 序列为 F：5′－TAAGAACAATTTGGGTT-GGA－3′，R：5′－AAACTGCACATAAGGAGGAA－3′。3 个位点分别发生 C→G、G→C、G→A 的单碱基突变，每一处突变均检测到 3 种基因型，P1 位点偏离 Hardy－Weinberg 平衡状态（$P<0.05$）。表 16 是不同位点、不同基因型与京海黄鸡生产性能相关性分析结果，由表 16 可见，P1 位点和 P3 位点 3 种基因型间比较，各周龄体重差异不显著；P2 位点 CD 基因型个体 12 周龄体重显著高于 CC 型（$P<0.05$）。P1/P2/P3 组合基因型与鸡生产性能间关系（母）见表 17。由表 17 可见，三位点基因型组合间比较，只有 12 周龄和 300 日龄体重有显著差异，其余周龄体重比较均无显著差异，且 3 位点不同基因型组合 AB/CD/EF 基

因型个体 300 日龄体重显著高于 AA/CC/EF、BB/DD/EE 型（P<0.05）。

表 16　不同基因型与鸡群体生产性能关系

引物	体重（g）	基因型		
		AA	AB	BB
P1	1 日龄	32.29±2.05（14）	31.94±2.72（34）	31.50±1.92（4）
	4 周龄	208.23±2.10（13）	214.39±24.10（31）	228.50±18.43（4）
	8 周龄	449.73±52.63（15）	460.06±54.83（34）	434.00±31.43（3）
	12 周龄	878.50±54.31（16）	863.50±35.23（34）	910.47±75.00（4）
	300 日龄	1 878.24±162.33（17）	1 689.00±150.04（36）	1 916.69±242.30（4）
引物	体重（g）	基因型		
		CC	CD	DD
P2	1 日龄	31.82±2.33（34）	32.44±2.79（18）	32.00±2.00（3）
	4 周龄	210.96±25.15（28）	216.59±22.97（17）	232.50±17.08（4）
	8 周龄	456.23±47.50（35）	467.30±71.53（17）	450.67±20.53（3）
	12 周龄	888.11±57.22[b]（36）	929.18±93.03[a]（17）	889.00±42.85[ab]（4）
	300 日龄	1 898.13±91.86（38）	1 935.00±78.91（18）	1 733.00±74.28（4）
引物	体重（g）	基因型		
		EE	EF	FF
P3	1 日龄	31.61±2.13（36）	33.00±3.01（16）	32.00±2.00（3）
	4 周龄	213.82±24.33（34）	220.39±24.18（13）	192.00±8.49（2）
	8 周龄	457.19±58.66（37）	467.20±44.58（15）	446.67±62.78（3）
	12 周龄	890.46±65.41（39）	930.67±83.07（15）	878.67±14.47（3）
	300 日龄	1 904.25±212.43（40）	1 920.77±246.64（17）	1 689.33±132.04（3）

注：同行比较，标准差右上角不同小写字母表示差异显著（P<0.05）、大写字母表示差异极显著（P<0.01），未标记的比较差异不显著（P>0.05）。

表 17　P1/P2/P3 组合基因型与鸡生产性能间关系（母）

基因型组合	1 日龄体重（g）	4 周龄体重（g）	8 周龄体重（g）	12 周龄体重（g）	300 日龄体重（g）
AA/CC/EE	32.00±1.51（8）	210.22±23.78（9）	446.00±58.86（10）	870.00±58.49[b]（11）	1940.6±168.81[ab]（11）
AA/CC/EF	32.80±3.03（5）	203.75±27.89（4）	454.50±48.43（4）	900.00±49.40[ab]（4）	1 773.60±56.72[b]（5）
BB/DD/EE	32.00±2.00（3）	232.00±20.88（3）	448.00±28.28（2）	873.33±35.80[ab]（3）	1 688.67±183.76[b]（3）
AB/CC/EE	31.40±2.50（10）	206.00±27.11（7）	464.18±27.33（11）	891.82±48.02[ab]（11）	1 889.82±122.44[ab]（11）
AB/CC/EF	31.71±2.93（7）	218.67±25.63（6）	449.67±21.45（6）	897.00±55.64[ab]（6）	1 911.86±307.29[ab]（7）
AB/CD/EE	31.83±2.48（12）	215.17±23.42（12）	463.46±87.99（11）	923.09±89.65[ab]（11）	1 939.00±296.99[ab]（12）
AB/CD/EF	34.67±4.16（3）	230.67±20.23（3）	470.67±34.20（3）	974.67±148.67[a]（3）	2 114.67±205.08[a]（3）
平均值	32.04±2.53（48）	214.34±24.22（44）	457.19±53.54（47）	899.18±71.09（49）	1 905.06±222.53（52）

注：同列比较，标准差右上角不同小写字母表示差异显著（P<0.05）、大写字母表示差异极显著（P<0.01），未标记的比较差异不显著（P>0.05）。

课题组（2010）同样以京海黄鸡为材料，根据 GenBank 上公布的鸡 IGF－Ⅱ基因序列（NC _ 006092）设计 7 对引物，P1、P2 分别扩增外显子 1 和 2。P3 和 P4 扩增外显子 3，P5 到 P7 扩增 3′调控区。采用 PCR－SSCP 技术检测到 IGF－Ⅱ基因外显子区存在 5 个 SNPs 位点，并分析其对不同周龄京海黄鸡体重的遗传效应。结果表明：5 个位点分别发生 G64A、C173A、G6707C、T7506C、G7641A 的单碱基突变，P3 位点偏离 Hardy－Weinberg 平衡。不同基因型与母鸡群体生长性能的关系最小二乘方差分析结果见表 18，由表 18 可见，P1、P2 各基因型间不同周龄体重无显著差异，但 P1 位点各周龄体重呈 AA＞AB＞BB 的趋势，P2 位点体重呈 DD＞CD＞CC 的趋势。P3 位点 FF 和 FG 基因型个体的 12 周龄体重存在显著差异（P＜0.05），FF 基因型个体的 16 周龄体重显著大于其他基因型（P＜0.05）；P1/P2/P3 三位点组合基因型与母鸡生长性能间的关系见表 19。由表可见，组合基因型 AB/CC/EE 的 12、16 周龄体重显著大于 AB/CD/EE 基因型个体，AB/CD/EG 基因型个体的 8 周龄、300 日龄体重均显著大于 AB/CD/EE 基因型个体，推断 IGFⅡ基因可能是影响京海黄鸡体重的重要功能基因。

表 18 不同基因型与母鸡群体生长性能的关系

体重（g）	P1 位点基因型		
	AA 型	AB 型	BB 型
0 周龄	32.58±3.39（98）	32.38±3.71（60）	33.00±2.52（7）
4 周龄	149.14±33.83（108）	145.81±23.99（67）	151.50±19.18（8）
8 周龄	398.60±67.42（106）	403.38±74.54（61）	428.14±49.58（7）
12 周龄	718.48±113.99（93）	728.36±121.03（50）	732.71±105.93（7）
16 周龄	983.13±117.01（99）	1 108.11±125.83（57）	1 007.22±124.40（9）
300 日龄	1 902.16±268.15（111）	1 866.46±232.64（68）	1 809.44±150.72（9）

体重（g）	P2 位点基因型		
	CC 型	CD 型	DD 型
0 周龄	32.68±3.48（111）	32.32±3.56（47）	31.67±2.88（6）
4 周龄	149.09±33.10（126）	144.96±19.87（49）	150.57±34.25（7）
8 周龄	402.45±65.64（119）	401.65±77.91（48）	370.50±75.26（6）
12 周龄	724.32±104.98（101）	716.35±133.07（43）	756.00±174.67（5）
16 周龄	1 002.45±110.73（110）	975.21±136.93（47）	971.86±157.02（7）
300 日龄	1 873.41±247.13（129）	1 893.90±259.87（51）	2 002.86±282.77（7）

体重（g）	P3 位点基因型				
	EE 型	EF 型	EG 型	FF 型	FG 型
0 周龄	32.44±3.74（110）	32.81±3.03（31）	33.13±2.50（15）	32.33±3.08（6）	30.33±2.52（6）
4 周龄	148.17±32.79（124）	150.06±25.57（31）	150.61±19.84（18）	139.57±13.94（7）	125.00±27.71（6）
8 周龄	402.34±66.45（122）	394.25±55.66（28）	424.13±106.67（15）	378.67±51.64（6）	365.67±103.80（6）
12 周龄	730.68±115.14^{ab}（102）	695.92±99.06^{ab}（26）	704.92±127.76^{ab}（13）	785.67±102.59^{a}（6）	621.67±184.64^{b}（6）
16 周龄	991.82±117.48^{b}（112）	994.66±123.76^{b}（29）	959.06±129.84^{b}（16）	1125.20±89.31^{a}（5）	985.67±111.31^{b}（6）
300 日龄	1 876.321±255.83（128）	1 929.25±240.58（32）	1 954.44±274.32（18）	1 737.14±74.66（7）	1 731.67±125.03（6）

注：同行比较，平均数右上角不同小写字母表示差异显著（P＜0.05）；未标记的比较差异不显著（P＞0.05）。

表 19　P1/P2/P3 组合基因型与母鸡生长性能间的关系

基因型组合	不同周龄个体重（g）					
	1 日龄	4 周龄	8 周龄	12 周龄	16 周龄	300 日龄
AA/CC/EE	32.61±3.52 （62.43%）	149.44±39.23 （70.45%）	406.99±73.95^{b} （68.45%）	720.51±105.93^{ab} （57.45%）	991.81±104.82^{ab} （62.44%）	1879.03±264.90^{ab} （72.45%）
AA/CC/EF	33.27±3.10 （11.8%）	157.25±23.21 （12.8%）	393.58±28.88^{b} （12.8%）	654.70±106.11^{b} （10.8%）	960.36±129.06^{ab} （11.8%）	2009.17±304.63^{a} （12.8%）
AA/CD/EE	32.67±3.32 （21.15%）	147.29±18.65 （21.13%）	379.86±64.20^{b} （21.14%）	744.14±132.14^{ab} （22.17%）	976.86±132.55^{ab} （21.15%）	1947.73±273.98^{ab} （22.24%）
AB/CC/EE	33.00±4.36 （15.10%）	146.58±24.70 （19.12%）	414.17±45.9^{b} 5 （18.12%）	776.07±88.11^{a} （14.11%）	1058.13±84.18^{a} （15.11%）	1848.95±230.58^{ab} （19.12%）
AB/CC/EF	32.81±3.19 （16.11%）	145.56±26.12 （16.10%）	385.15±74.78^{b} （13.9%）	736.85±88.04^{ab} （13.10%）	1017.36±134.25^{ab} （14.10%）	1846.56±166.75^{ab} （16.10%）
AB/CD/EE	30.70±4.92 （10.7%）	143.64±18.56 （11.7%）	397.58±50.48^{b} （12.8%）	654.43±148.72^{b} （7.6%）	938.82±154.48^{b} （11.8%）	1767.00±189.96^{b} （12.7%）
AB/CD/EG	33.75±2.49 （8.6%）	152.88±19.61 （8.5%）	478.14±119.77^{a} （7.5%）	747.80±90.58^{ab} （5.4%）	984.33±146.93^{ab} （6.4%）	1996.88±290.41^{a} （8.5%）
群体均值	32.66±3.57 （143）	148.78±30.81 （157）	403.68±69.99 （151）	724.62±111.90 （128）	992.27±119.65 （140）	1888.85±256.51 （161）

注：同列比较，平均数右上角不同小写字母表示差异显著（P＜0.05），大写字母表示差异极显著（P＜0.01），未标记的比较差异不显著（P＞0.05）。括号内数据为频率或个体数。

——京海黄鸡胰岛素样生长因子 1 受体（IGF1R）基因 SNPs 及其与早期体重的关系研究

胰岛素样生长因子 1 受体基因 IGF1R 是 IGF_S 功能的主要介导者，它广泛分布于人体正常组织和细胞中如子宫内膜、卵巢、肝脏、甲状腺、肾上腺、T 细胞、B 细胞、单核细胞、成骨细胞等。鸡 IGF1R 由单个基因编码，属于酪氨酸激酶受体家族（RTK），鸡 IGF1R 基因位于 10 号染色体，基因全长 150kb，由 21 个外显子构成。

课题组（2012）根据 GeneBank 已发表的鸡 IGF－IR 基因序列（NC _ 006097），针对 IGF－IR 基因的 21 个外显子，分别设计了用于直接测序的 21 对引物，引物序号分别是 IGR1～IGR21。再针对发现的多态位点设计引物 IGR2－1、IGR2－2、IGR2－3、IGR3－1、IGR3－2 进行 PCR－SSCP 检测。研究发现，京海黄鸡 IGF1R 基因外显子 2 的 G26336A 突变和外显子 3 的 C111014A 突变分别形成 3 种基因型 AA、AB、BB 和 CC、CD、DD，各基因型与京海黄鸡生产性状进行相关性分析的结果见表 20，由表可见，G26336A 位点 AA 基因型群体 56 日龄体重显著低于 BB 基因型群体（P＜0.05），AA 和 AB 基因型群体 84 日龄体重显著低于 BB 基因型群体（P＜0.05）；C111014A 位点 CC、CD 基因型群体初生重显著低于 DD 基因型群体（P＜0.05）。

表 20 G26336A 和 C111014A 位点基因型与鸡生长性状的相关性

体重(g)	G26336A			C111014A		
	AA	AB	BB	CC	CD	DD
1 日龄	35.76±0.41	35.08±0.49	35.22±1.45	35.44±0.44[b]	34.91±0.46[b]	37.95±0.96[a]
28 日龄	189.88±2.47	191.96±2.91	196.44±8.68	193.63±2.69	187.86±2.78	192.50±5.80
56 日龄	472.28±7.02[b]	482.08±8.27[ab]	519.89±24.66[a]	483.29±7.73	474.12±7.99	473.70±16.67
84 日龄	884.78±11.54[b]	884.85±13.59[b]	991.00±40.52[a]	892.43±12.81	885.25±13.24	895.25±27.61
300 日龄	1132.05±9.75	1154.96±11.46	1134.22±34.17	1145.52±10.86	1135.97±11.05	1145.00±23.04

注：同行比较，标准差右上角不同小写字母表示差异显著（P<0.05），未标记的比较差异不显著（P>0.05）。

——京海黄鸡胰岛素样生长因子结合蛋白（IGFBP）基因 SNPs 及其与早期体重的关系研究

据报道，鸡胰岛素样生长因子 IGF 的作用受到很多因素的调节，其中胰岛素样生长因子结合蛋白（IGFBP）对其具有重要影响。IGFBP－1 是 6 个同源蛋白之一，具有广泛的生物学功能，它可以调节胰岛素样生长因子-Ⅰ和胰岛素样生长因子-Ⅱ的促有丝分裂和新陈代谢作用，降低 IGFBP－1 的水平会导致葡萄糖耐受性降低、血压升高，甚至引起肥胖。IGFBP－1 是 IGF－Ⅰ生物活性的敏感调节因子，肝脏中胰岛素通过结合位于 IGFBP－1 基因启动子上的胰岛素应答因子，来抑制 IGFBP－1 的活性，从而建立了葡萄糖代谢与 IGF 轴的联系。IGFBP－2 是 IGFBPs 家族的重要成员，它是循环系统中含量第二大的 IGFBPs，具有广泛的生物学功能，它能调节 IGFs、TGFβ 等生长因子的生物活性，还可能拥有自己的特异性受体直接发挥调节作用。实验表明，在生物体内 IGFBP－2 还影响体重增加、免疫器官的发育，参与脂类代谢的调节等功能。鸡 IGFBP－2 定位在 7 号染色体上。IGFBP－3 主要存在于血液中，它对 IGF－Ⅰ和 IGF－Ⅱ有很高的亲和力，是血液中最为丰富的 IGFBP 结合形式，血液中 95%的 IGF－Ⅰ和 IGF－Ⅱ都与 IGFBP－3 结合，因此，IGFBP－3 对于 IGF 作用的发挥起着重要影响。近年来，有关研究结果表明，IGFBP－3 基因与家畜的产奶量和生长性能、屠宰性状及繁殖性状等存在关系。

课题组（2011）以京海黄鸡、AA 肉鸡、尤溪麻鸡、边鸡等 4 个鸡群体为研究对象，采用 PCR－SSCP 方法检测胰岛素样生长因子结合蛋白 1（IGFBP－1）第 4 外显子的多态性，并分析其对京海黄鸡生长性能的遗传效应。结果显示，在 IGFBP－1 第 4 外显子非编码区设计的 2 对引物 P3 和 P4，分别检测到 1 处突变，分别是 5550T→C 和 5692 AAT 插入，这两处突变均为该研究新发现的突变。对于 P3 扩增片段，在尤溪麻鸡群体中检测到 AA、AB 和 BB 3 种基因型，在 AA 肉鸡和边鸡品种中检测到 AA 和 AB 2 种基因型，京海黄鸡中只检测到 AA 基因型；对于 P4 扩增片段，在 4 个鸡群体中均检测到 CC、CD 和 DD 3 种基因型。最小二乘分析结果表明，京海黄鸡 3 种基因型群体只有在初生重上呈现显著差异（P<0.05），其他各周龄体重无显著差异，IGFBP－1 基因 P4 位点不同基因型与京海黄鸡生长性状的关联分析结果见表 21，4 个鸡群体 IGFBP－1 基因 P4 位点的基因型和等位基因频率见表 22。

表 21 IGFBP-1 基因 P4 位点不同基因型与京海黄鸡生长性状的关联分析

体重（g）	CC（123）	CD（9）	DD（14）
0 周龄	35.33±0.28[b]	37.89 ±1.05[a]	35.64 ±0.84[ab]
4 周龄	185.18±2.37	183.11±8.76	189.21±7.02
8 周龄	459.69±6.99	455.33±25.84	458.00±20.72
12 周龄	848.89±10.58	872.78±39.12	858.29±31.37

注：同行比较，标准差右上角不同小写字母表示差异显著（P<0.05），未标记的比较差异不显著（P>0.05）。

表 22 4 个鸡群体 IGFBP-1 基因 P4 位点的基因型和等位基因频率

群体	数量（只）	基因型频率			基因频率		χ^2
		CC	CD	DD	C	D	
京海黄鸡	146	0.84（107）	0.06（9）	0.10（14）	0.87	0.13	76.00
AA 肉鸡	30	0.60（18）	0.17（5）	0.23（7）	0.68	0.32	11.34
尤溪麻鸡	30	0.23（7）	0.47（14）	0.30（9）	0.47	0.53	0.12
边鸡	30	0.40（12）	0.23（7）	0.37（11）	0.52	0.48	8.52

注：$df=1$，$\chi^2_{0.05}$（1）=3.84，$\chi^2_{0.01}$=6.64。

同时，还采用 PCR-SSCP 方法检测了京海黄鸡、AA 肉鸡、尤溪麻鸡、边鸡 4 个鸡群体胰岛素样生长因子结合蛋白 2（IGFBP-2）第 2 内含子部分序列和第 3 外显子的 SNP 多态性、第 3 内含子部分序列和第 4 外显子的 SNP 多态性以及 3′ 调控区的单核苷酸突变，并分析其对京海黄鸡生长的遗传效应。

第 2 内含子部分序列和第 3 外显子的 SNP 多态性分析所设计的引物 P1 为：F：5′-AGGTGTTGGGTTGCTCTTCG-3′；R：5′-GCTACTTGCCTGCTTGAGATTG-3′。研究表明：在第 2 内含子区域中，共检测到 4 种突变，分别是 1171bp 处的 1 个 T 碱基的缺失；1205bp 处的 G→A；1216bp 处的 C→T；1248bp 处的有 4 个 T 碱基的缺失；在第 3 外显子区域发生了 2 个突变，1278bp 处 A→T；1353bp 处 G→A，共检测到 10 种基因型。χ^2 检验结果表明，除边鸡外其余 3 个群体在该座位均处于 Hardy-Weinberg 平衡状态（P>0.05）。由表 23 IGFBP-2 基因 P1 位点不同基因型与京海黄鸡生长性能关联分析结果显示（注：由于 AD、CD 和 DD 基因型个体出现的频率较低，故没有列入统计分析），除 12 周龄体重外，其他各周龄体重不同基因型间均存在显著差异（P<0.05）。因此，推测 IGFBP-2 基因对京海黄鸡早期体重有显著的影响，将 IGFBP-2 基因应用于鸡育种过程中的标记辅助选择可以加快育种进程。

第 3 内含子部分序列和第 4 外显子的 SNP 多态性检测设计了 2 对引物，3′调控区设计的 2 对引物。P1 引物第 3 内含子区域发生了 2 个突变分别是 3746bp 处 G→T 的突变、3753bp 处 TT→CC 的突变，形成 3 种基因型，分别为 EE、EF 和 FF；P3 引物在 3′调控区 4415bp 处检测到 8 个 bp 的碱基缺失，形成 3 种基因型，分别为 GG、GH 和 HH。P1 和 P3 位点各基因型对京海黄鸡生长性能的遗传效应分析见表 24 和 25。

表 23 IGFBP-2 基因 P1 位点不同基因型与京海黄鸡生长性能的关联分析

体重（g）	基因型						
	AA（20）	AB（44）	AC（26）	BB（14）	BC（23）	BD（7）	CC（11）
0 周龄	34.95±0.71[b]	35.75±0.48[ab]	34.92±0.63[b]	35.21±0.85a[b]	35.83±0.67[ab]	37.71±1.21[a]	35.46±0.96[ab]
4 周龄	174.80±5.79[b]	185.60±3.91[ab]	191.27±5.08[ab]	188.71±6.92[ab]	180.74±5.40[ab]	201.57±9.79[a]	188.09±7.81[ab]
8 周龄	435.2±17.19[b]	467.48±11.59[ab]	460.35±15.07[ab]	458.00±20.54[ab]	443.22±16.03[b]	514.86±29.05[a]	469.82±23.18[ab]
12 周龄	835.9±26.08	840.07±17.53	871.85±22.81	865.29±31.09	835.30±24.25	910.27±43.96	873.46±35.07

注：同行比较，标准差右上角不同小写字母表示差异显著（P<0.05），未标记的比较差异不显著（P>0.05）。

表 24 IGFBP-2 基因 P1 位点不同基因型与京海黄鸡生长性能的关联分析

体重（g）	基因型		
	EE（75）	EF（18）	FF（53）
0 周龄	36.20±0.35[A]	33.11±0.72[B]	35.38±0.42[A]
4 周龄	181.91±3.01	187.72±6.14	189.66±3.58
8 周龄	448.97±8.81[b]	448.17±17.98[b]	477.60±10.48[a]
12 周龄	846.88±13.56	846.83±27.67	858.98±16.12

注：同行比较，标准差右上角不同小写字母表示差异显著（P<0.05），不同大写字母表示差异极显著（P<0.01），未标记的比较差异不显著（P>0.05）。

由表 24 可见，IGFBP-2 基因 P1 位点 EE、FF 基因型对初生重的效应极显著地高于 EF 基因型（P<0.01）。FF 基因型对 8 周龄体重的效应显著高于 EE、EF 基因型，表现并不一致。

表 25 IGFBP-2 基因 P3 位点不同基因型与京海黄鸡生长性能的关联分析

体重（g）	基因型		
	GG（81）	GH（54）	HH（11）
0 周龄	35.31±0.35[b]	35.43±0.43[b]	37.55±0.95[a]
4 周龄	187.47±2.91	182.04±3.57	187.18±7.89
8 周龄	455.93±8.60	462.69±10.54	467.00±23.36
12 周龄	849.17±13.01	847.54±15.94	885.00±35.31

注：同行比较，标准差右上角不同小写字母表示差异显著（P<0.05），未标记的比较差异不显著（P>0.05）。

由表 25 可见，IGFBP-2 基因 P3 位点 HH 基因型对初生重的效应显著地高于 GG、GH 基因型（P<0.05），其余各周龄体重基因型间无显著差异（P>0.05）。综上所述，第 3 内含子部分序列和 3′调控区序列的 SNPs 对京海黄鸡早期增重影响不大。

课题组（2010）以京海黄鸡母鸡为材料，根据 GenBank 已发表的鸡 IGFBP-3 基因序列（NC_006089）设计了 1 对引物，F：5′-AGCAAGGTCCTTCTGGTCAA-3′，R：5′-TTTGCCCTGTCTCTTCCAAC-3′，采用 PCR-SSCP 技术对 IGFBP-3 基因外显子 1 及内含子 1 部分序列多态位点进行研究，并计算基因型频率、基因频率、卡方值和部分遗传多样性指标。研究结果表明，在外显子 1 上没有检测到多态位点，在内含子 1 上检测到 1 个多态位点，该位点为中度多态，在 160bp 处发生 T→G 的突变，导致 BB、AB 型的 56 日龄体重显著大于 AA 型（$P<0.05$）。由此初步推断，内含子 1 对京海黄鸡的生长很可能有一定的促进作用，B 为体增重有利基因。内含子在真核生物的基因表达中起着重要的调节作用，本研究中所检测到的内含子突变会可能引起基因表达效应的变化，最终对京海黄鸡的生长产生了一定的作用。研究结果见表 26。

表 26　IGFBP-3 基因各基因型与京海黄鸡早期增重的相关性

体重（g）	基因型		
	AA	AB	BB
1 日龄	35.33 ±1.01	36.44 ± 0.47	34.66 ± 0.43
28 日龄	183.78 ± 6.12	191.86 ± 2.85	191.62 ± 2.61
56 日龄	443.78 ± 17.40[b]	485.07 ± 8.10[a]	478.98 ± 7.42[a]
84 日龄	843.78 ± 28.90	899.98 ± 13.45	889.21 ± 12.32
300 日龄	1 807.78 ± 67.41	1 878.70 ± 31.39	1 785.99 ± 28.74

注：同行比较，标准差右上角不同小写字母表示差异显著（$P<0.05$），未标记的比较差异不显著（$P>0.05$）。

对 IGFBP-3 基因第 2 外显子的单核苷酸多态性的研究，方法是 PCR-RFLP 和 DNA 测序技术，所用的试验材料有京海黄鸡、AA 肉鸡、尤溪麻鸡、如皋黄鸡、鹿苑鸡和边鸡共 6 个群体，IGFBP-3 基因第 2 外显子 PCR-RFLP 检测的引物序列为 F：5′-CATCTTGG-GACCAGTGCTTT-3′，R：5′-ATTTTTCAAGCCTGCTGTGG-3′，所用内切酶为 Msp Ⅰ。经测序，IGFBP-3 基因第 2 外显子 1087 bp 处发生了 C→T 的突变，鸡群体中表现出 AA、AB 和 BB 3 种基因型。3 种基因型在 6 个鸡群体间分布趋势一致：AA 为优势基因型，BB 为劣势基因型。经 χ^2 适合性检验，除京海黄鸡外，其余 5 个群体的 Msp Ⅰ位点均处在 Hardy-Weinberg 平衡状态（$P>0.05$）。由表 27 IGFBP-3 基因第 2 外显子 Msp Ⅰ酶切位点的基因频率和基因型频率经群体遗传分析表明，AA 肉鸡纯合度最高，京海黄鸡纯合度最低。6 个鸡群体 Msp Ⅰ位点为中度多态。京海黄鸡有效等位基因数最多，为 1.900，AA 肉鸡有效等位基因数最少，为 1.471。表明 IGFBP-3 基因在不同群体中具有丰富的单核苷酸多态性，可以进一步作为候选基因来分析其与生长性状的相关性。IGFBP-3 基因第 2 外显子 Msp Ⅰ酶切位点的多态性分析结果见表 28。

表 27　IGFBP-3 基因第 2 外显子 Msp Ⅰ酶切位点的基因频率和基因型频率

类别	频率	京海黄鸡（200）	AA 肉鸡（30）	尤溪麻鸡（30）	如皋黄鸡（32）	鹿苑鸡（46）	边鸡（50）
基因型	P（AA）	0.415（83）	0.667（20）	0.600（18）	0.563（18）	0.478（22）	0.520（26）
	P（AB）	0.400（80）	0.267（8）	0.367（11）	0.406（13）	0.348（16）	0.440（22）
	P（BB）	0.185（37）	0.066（2）	0.033（1）	0.0310（1）	0.174（8）	0.040（2）
基因	P（C）	0.615	0.800	0.783	0.766	0.652	0.740
	P（T）	0.385	0.200	0.217	0.234	0.348	0.260
χ^2		4.338	0.206	0.016	0.131	1.779	0.523

注：$\chi^2_{0.05(1)}=3.841$，$\chi^2_{0.01(1)}=6.635$。

表 28　IGFBP-3 基因第 2 外显子 MspⅠ酶切位点的多态性分析

群体	纯合度	杂合度	有效等位基因数	多态信息含量
京海黄鸡	0.526	0.474	1.900	0.361
AA 肉鸡	0.680	0.320	1.471	0.269
尤溪麻鸡	0.661	0.339	1.514	0.282
如皋黄鸡	0.641	0.359	1.560	0.294
鹿苑鸡	0.546	0.454	1.830	0.351
边鸡	0.615	0.385	1.625	0.311

5. 垂体特异性转录因子（POU1F）基因与京海黄鸡早期体重的相关性研究　垂体特异性转录因子（POU1F，原称 pit），也称为生长激素因子，包含 POU1F1 和 POU1F2 两种类型，它们起源于同一基因，由内含子 2 选择性剪接形成。POU1F1 能够促进垂体器官生长分化，并调控生长激素、催乳素和促甲状腺释放激素 β 因子等基因的表达，从而引起人们广泛关注。在多种垂体激素缺陷而导致侏儒的鼠和人类中均可发现 POU1F1 基因的活性缺失。

课题组（2008）采用 PCR-SSCP 和 DNA 测序技术检测 POU1F1 基因在京海黄鸡中的单核苷酸多态性（SNPs），并对不同基因型与京海黄鸡生长性能的相关性进行了分析。结果表明：在 POU1F1 基因第 3 外显子 5231 bp 处有 A→T 碱基突变，在京海黄鸡群体中检测到 AA、AB 和 BB 3 种基因型，A 等位基因的频率为 0.500，B 等位基因的频率为 0.500。由基因型与生长性能的关联分析可知：POU1F1 基因不同基因型显著影响京海黄鸡各周龄体重，AB 基因型极显著高于 AA 型和 BB 型（$P<0.01$）。因此，推测 POU1F1 基因可能是影响鸡生长性状的主效基因或与主效基因紧密连锁的标记基因，并且有可能在分子标记辅助选择中用于鸡生长性状的遗传改良。京海黄鸡 POU1F1 基因与早期生长性能的关系见表 29。

表 29　京海黄鸡 POU1F1 基因与早期增重的关系

体重（g）	基因型		
	AA	AB	BB
1 日龄	30.31±2.55	30.30±2.13	30.61±2.01
1 周龄	51.90 ± 4.82^{Bb}	59.63 ± 4.82^{Aa}	48.18 ± 4.47^{Cc}
4 周龄	203.67 ± 39.79^{Bb}	258.84 ± 44.39^{Aa}	184.37 ± 31.16^{Cc}
8 周龄	613.69 ± 119.68^{ABb}	691.33 ± 110.12^{Aa}	576.53 ± 97.18^{Bc}
12 周龄	$1\,028.86\pm205.87^{Bb}$	$1\,241.30\pm203.87^{Aa}$	971.53 ± 193.37^{Bc}
16 周龄	$1\,393.63\pm246.87^{Bb}$	$1\,622.28\pm264.00^{Aa}$	$1\,314.15\pm268.14^{Bc}$

注：同行比较，标准差右上角不同小写字母表示差异显著（$P<0.05$）、大写字母表示差异极显著（$P<0.01$），未标记的比较差异不显著（$P>0.05$）。

6. 黑素皮质素受体（MC4R）基因与京海黄鸡早期体重的相关性研究　促黑激素皮质受体 4（MC4R），是动物下丘脑腹内侧核分泌的一类肽类物质，可与脑部分泌的天然内源配体 α-促黑激素结合，抑制体重的增加。在哺乳动物中，MC4R 是一个调节能量动态平衡的重要信号分子，其主要作用是控制食欲、体重、能量代谢。MC4R 基因是一个单拷贝基因，仅含有 1 个外显子，其编码序列长度为 996 bp。

课题组以 MC4R 基因为候选基因，采用 PCR－SSCP 和 DNA 测序技术检测该候选基因在京海黄鸡群体中的单核苷酸多态性（SNPs），同时对单核苷酸突变形成的基因型与京海黄鸡早期不同周龄体重的相关性进行了研究。结果表明，MC4R 基因编码区第 662bp 处存在一个 G→C 碱基突变，在京海黄鸡中检测到 AA、AB 和 BB 3 种基因型，A 等位基因频率为 0.929，B 等位基因频率为 0.071；采用 GLM 模型分析不同基因型对早期生长性能的遗传效应，结果表明，MC4R 基因 AA 基因型个体的 4、8、12 周龄体重显著地高于 BB 型个体（P＜0.05），16 周龄体重 AA 基因型极显著地高于 BB 型（P＜0.01）；由此可知，MC4R 基因该位点的突变可能是影响鸡生长性状的遗传标记，可用于鸡生长性状的分子选育。京海黄鸡 MC4R 基因与生长性能的关系见表 30。

表 30　京海黄鸡 MC4R 基因与生长性能的关系

体重（g）	基因型		
	AA	AB	BB
1 日龄	30.45±2.21	30.00±4.08	29.63±0.74
1 周龄	54.63±6.92	50.75±2.75	52.00±6.39
4 周龄	226.47±50.34[a]	197.00±18.22[ab]	185.00±67.41[b]
8 周龄	644.04±120.18[a]	629.75±115.65[ab]	555.00±90.26[b]
12 周龄	1121.06±240.81[a]	1125.75±135.39[ab]	947.75±59.48[b]
16 周龄	1498.44±292.55[A]	1437.25±306.42[AB]	1185.14±100.73[B]

注：同行比较，标准差右上角不同小写字母表示差异显著（P＜0.05）、大写字母表示差异极显著（P＜0.01），未标记的比较差异不显著（P＞0.05）。

表 31 是京海黄鸡 MC4R 基因的效应分析表，由表可见，MC4R 基因对京海黄鸡的初生重、1、4 周龄体重表现出负的加性效应和负的显性效应，而对 8、12、16 周龄体重则表现为负的加性效应和正的显性效应。由此可见，该基因对各周龄体重以显性效应为主。A 等位基因对各周龄体重具有正效应，而 B 等位基因具有负效应。

表 31　京海黄鸡 MC4R 基因的效应分析

基因效应	体重（g）					
	0 周龄	1 周龄	4 周龄	8 周龄	12 周龄	16 周龄
加性效应	−0.410 2	−1.316 4	−20.734 4	−44.519 6	−86.654 0	−156.649 8
显性效应	−0.035 2	−2.566 4	−8.734 4	30.230 5	91.346 1	95.457 3
显性度	0.085 8	1.949 6	0.421 3	−0.679 0	−1.054 1	−0.609 4
A 基因的效应	0.031 3	0.249 8	2.004 2	1.319 3	0.587 8	5.307 1
B 基因的效应	−0.409 1	−3.268 6	−26.224 3	−17.262 5	−7.691 2	−69.440 3
加性基因替代效应	−0.440 4	−3.518 4	−28.228 5	−18.581 8	−8.279 0	−74.747 4

7. 鸡溶菌酶（LYZ）基因与京海黄鸡早期体重的相关性研究　溶菌酶（Lysozyme，LYZ）能够水解微生物细胞壁的 N－乙酰葡萄糖胺（NAG）和 N－乙酰胞壁质酸（NAM）间的 β－1，4 糖苷键，具有杀菌、抗病毒、抗肿瘤细胞等多种作用，其抗菌功能在动物机体

中发挥着防御作用，它还与其他生物活性蛋白协同作用，在疾病发生时作为检测标记物出现。其广泛存在于多种动植物的组织和器官中，其独特的蛋白结构和生物活性在动物机体中发挥着重要作用。溶菌酶基因（LYZ）由 4 个外显子和 3 个内含子构成，外显子 2 编码酶催化中心的残基（Glu－35 和 Asp－52）；外显子 3 编码连接外显子 2 区域的框架，确定底物位置，完善活性位点，提高催化效率；外显子 1 和 4 编码溶菌酶蛋白的前体信号肽及 N－端和 C－端。

课题组（2010）以京海黄鸡育种场培育的 J^+ 慢长和 J^- 快长两个品系 F_2 代育种群为试验材料，对京海黄鸡 LYZ 基因外显子进行了 SNP_s 检测，分析 LYZ 基因 SNP_s 位点与生长性能的关系。结果在京海黄鸡 LYZ 基因外显子 1 上发现 1 个突变位点（G111A），形成了 3 种基因型，分别为 GG、GA 和 AA，不同基因型对 F_2 代体重的影响见表 32；内含子 1 上发现了 1 个突变位点（G1411A），也形成 3 种基因型，分别为 GG、GA 和 AA，不同基因型对 F_2 代体重的影响见表 33；外显子 2 上发现了 2 个突变位点（T1426C、C1492T），形成 5 种基因型，不同基因型对 F_2 代体重的影响见表 34；外显子 1 和 2 不同单倍型体重的比较分析结果见表 35。统计分析表明，外显子 1 的 AA 基因型个体 12、16 周龄体重显著高于 GG 和 GA 基因型个体；内含子 AA、GA 基因型个体 4 周龄体重显著高于 GG 基因型个体（$P<0.05$）；外显子 2 的 TT 基因型个体 4、8 周龄体重显著低于 CC 和 TN 基因型个体；外显子 1 和 2 三个突变位点的不同单倍型在 4、12、16 周龄的体重差异显著（$P<0.05$）；群体遗传学分析表明，外显子 1 和 2 三个突变位点的基因型在两品系间差异显著（$P<0.05$）。

表 32 LYZ 基因外显子 1 不同基因型对 F_2 代体重的影响

体重（g）	基因型		
	GG（267）	GA（158）	AA（60）
0 周龄	32.21±0.66	31.94±0.44	29.50±0.12
4 周龄	154.15±10.28	158.12±18.34	170.07±14.14
8 周龄	475.03±24.71	478.53±36.08	557.50±28.49
12 周龄	821.69±44.86^b	851.29±78.84^b	1 000.00±93.75^a
16 周龄	1 116.06±72.48^b	1 113.75±71.64^b	1 376.00±93.75^a

注：同行比较，标准差右上角不同小写字母表示差异显著（$P<0.05$），未标记的比较差异不显著（$P>0.05$）。

表 33 LYZ 基因内含子 1 不同基因型对 F_2 代体重的影响

体重（g）	基因型		
	GG（267）	GA（158）	AA（60）
0 周龄	31.67±2.12（59）	32.50±1.90（107）	32.69±1.79（34）
4 周龄	135.69±17.27^b（59）	154.89±15.95^a（98）	155.36±17.37^a（33）
8 周龄	398.38±36.97（52）	412.22±34.20（100）	426.24±37.20（28）
12 周龄	643.00±88.00（55）	729.52±66.49（93）	742.18±62.89（32）
16 周龄	987.04±99.66（54）	996.96±85.17（105）	1 033.17±106.45（29）

注：同行比较，标准差右上角不同小写字母表示差异显著（$P<0.05$），未标记的比较差异不显著（$P>0.05$）。

表 34　LYZ 基因外显子 2 不同基因型对 F_2 代体重的影响

体重（g）	基因型				
	CC（172）	TT（53）	CT（172）	CN（49）	TN（39）
0 周龄	32.20±0.77	32.40±0.14	32.12±0.53	32.13±0.53	30.67±0.15
4 周龄	156.35±10.95^{a}	105.00±18.14^{b}	150.31±15.09^{a}	131.67±13.17^{ab}	175.00±17.32^{a}
8 周龄	488.29±26.69^{ab}	325.50±32.63^{c}	461.87±46.02^{abc}	408.17±29.99b^{c}	555.50±38.19^{a}
12 周龄	841.80±53.75	707.40±62.75	809.47±62.40	761.00±76.87	809.33±54.42
16 周龄	1 248.27±107.61	1 090.80±92.38	1 179.98±83.48	1 081.00±90.44	1 181.00±58.03

注：同行比较，标准差右上角不同小写字母表示差异显著（P<0.05），未标记的比较差异不显著（P>0.05）。

表 35　LYZ 基因外显子 1 和 2 不同单倍型体重的比较分析

体重（g）	单倍型					
	ACG（74）	GCT（17）	GTT（23）	ATC（65）	GTC（169）	GCC（133）
0 周龄	30.38±0.59	30.54±0.53	30.67±0.45	31.56±0.34	31.26±0.35	31.79±0.68
4 周龄	161.40±15.46^{ab}	175.20±10.32^{ab}	145.50±13.16^{b}	180.94±14.49^{a}	144.63±13.55^{b}	151.14±9.69^{ab}
8 周龄	581.45±18.33	511.36±32.11	449.57±39.98	551.14±29.64	450.93±38.36	478.46±25.87
12 周龄	905.50±72.89^{a}	810.51±36.87^{ab}	809.33±54.41^{b}	734.51±54.34^{ab}	806.48±69.35^{ab}	824.22±74.45^{ab}
16 周龄	1 272.75±101.83^{a}	1 131.34±90.43^{ab}	1 181.73±78.02^{ab}	1 053.41±83.75^{b}	1 187.72±74.49^{ab}	1 210.49±92.09^{ab}

注：同行比较，标准差右上角不同小写字母表示差异显著（P<0.05），未标记的比较差异不显著（P>0.05）。

8. 骨调素（OPN）基因与京海黄鸡早期体重的相关性研究　骨调素（OPN）既是细胞因子，又是细胞黏附分子，是一种带负电的非胶原性基质糖蛋白，约含 300 个氨基酸，富含天门冬氨酸、丝氨酸和谷氨酸。OPN 分子的氨基端区域与外分泌有关，羧基端参与黏附功能的调节。其分子内部含一特殊的 RGD 序列，该序列是促进细胞黏附的特有结构。OPN 参与介导许多生理和病理现象，主要介导细胞与细胞、细胞与细胞外基质黏附，参与钙质沉积、影响组织生物矿化与重建、控制炎症发生与发展，在血管生成、细胞凋亡、骨代谢、肿瘤转移、中起信号传导作用等。鸡 OPN 基因由 7 个外显子和 6 个内含子组成，位于第 4 号染色体上。

——骨调素基因第 7 外显子 SNP 位点对京海黄鸡早期体重的影响

课题组（2009）研究表明，京海黄鸡骨调素基因第 7 外显子的 3 887bp 处 A 突变成 G，3 918bp 处也是 A 突变成 G，分别定义为 A3887G 和 A3918G 突变，形成 3 种基因型。3 种基因型对初生重、12 周龄体重、16 周龄体重和成年体重影响均达到显著水平（P<0.05）。AA 型个体初生重、12 周龄体重和 16 周龄体重最低，显著低于 BB 型和 AB 型的个体（P<0.05）。对成年体重而言，BB 型与 AB 型个体之间差异显著（P<0.05），但与 AA 型个体差异均不显著（P>0.05）。推测 OPN 可能是影响鸡体重的候选基因，该基因可以作为遗传标记对鸡体重进行分子标记辅助选择。OPN 基因型对京海黄鸡母鸡体重的影响见表 36。

表 36　OPN 基因型对京海黄鸡母鸡生长性状的影响

体重（g）	基因型		
	AA（18）	AB（113）	BB（171）
0 周龄	30.50±2.34[b]	32.96±3.74[a]	32.52±3.15[a]
4 周龄	148.28±28.30	152.06±26.08	151.6±31.07
8 周龄	406.35±114.46	422.66±65.58	417.65±79.26
12 周龄	682.90±127.43[b]	765.60±109.26[a]	753.35±123.46[a]
16 周龄	951.88±123.06[b]	1 007.08±117.37[a]	1 003.23±112.41[a]
300 日龄（g）	1 901.61±226.55[ab]	1 847.52±222.42[b]	1 908.75±258.24[a]

注：同行比较，标准差右上角不同小写字母表示差异显著（$P<0.05$），未标记的比较差异不显著（$P>0.05$）。

——骨调素基因第 6 外显子及部分第 6 内含子 SNP 位点对京海黄鸡早期体重的影响

课题组（2009）采用 PCR－SSCP 方法对京海黄鸡骨调素基因第 6 外显子和部分第 6 内含子的 SNPs 进行检测，结果检测到 4 个单核苷酸突变，共有 5 种基因型组合，这 4 个单核苷酸突变分别位于第 6 外显子和部分内含子的 3 010bp、3 159bp、3 214bp 和 3 283bp 处（见表 37），共形成 5 种基因型，即 $H_1 \sim H_5$。表 38 是 OPN 基因 SNP 位点各基因型间不同周龄体重性状关联性统计分析结果，由表 38 可见，这 5 种基因型对 4、8、12、16 周龄体重及 300 日龄体重有显著影响（$P<0.05$）。H_3 型个体初生重最低，为 31.53 g，但其 4、8 和 12 周龄体重最高，而其成年体重又最低。8、12 和 16 周龄体重最低的基因型均为 H_5。H_4 型个体初生重最高，为 33.07g。结果显示，该基因可能是调控京海黄鸡体重性状的候选功能基因，可进一步研究并进行分子标记辅助选择，期望提高京海黄鸡的早期体重，加速育种进程。

表 37　京海黄鸡 OPN 基因 5 个单核苷酸突变形成的基因型及其频率

基因型	频率	位置			
		3 010bp	3 159 bp	3 217 bp	3 283 bp
H_1	0.40	G	G/A	—	C
H_2	0.25	A	G	—	A
H_3	0.07	G	A	—	C
H_4	0.19	A	G	T	A
H_5	0.09	G	A	T	C

由上表可见，在所有的 5 种基因型中，H_1 基因型频率最高达 40%，H_3 基因型频率最小，只有 7%。

表 38 OPN 基因 SNP 位点各基因型间不同周龄体重性状的分析结果

体重（g）	基因型				
	H_1	H_2	H_3	H_4	H_5
0 周龄	32.45±3.54	32.62±3.13	31.53±3.38	33.07±3.52	31.95±2.70
4 周龄	148.80±28.56^{ab}	147.40±23.68^{b}	161.78±25.44^{a}	158.6±39.72^{a}	150.33±23.05^{ab}
8 周龄	424.39±75.54^{ab}	425.27±88.13^{ab}	452.37±93.04^{a}	402.14±60.13^{b}	386.91±65.68^{b}
12 周龄	772.59±120.40^{a}	733.77±104.79^{ab}	791.93±97.82^{a}	752.79±137.24^{ab}	699.12±113.04^{b}
16 周龄	1 008.85±117.10^{ab}	974.81±102.16^{b}	1 001.93±112.81^{ab}	1 043.26±120.60^{a}	962.09±114.37^{c}
300 日龄	1 852.31±220.75^{b}	1 930.22±276.92^{a}	1 798.75±217.39^{b}	1 942.89±238.77^{a}	1 844.78±240.61^{ab}

注：同行比较，标准差右上角不同小写字母表示差异显著（P<0.05），未标记的比较差异不显著（P>0.05）。

9. 苹果酸脱氢酶（MDH）基因与京海黄鸡早期体重的相关性研究 苹果酸脱氢酶（MDH）是生物组织有氧分解三羧酸循环中一个重要的氧化还原酶，在线粒体基质中能将苹果酸氧化成草酰乙酸，而在细胞质中又能将草酰乙酸还原成苹果酸，MDH 穿梭于基质和细胞质之间，维持着酶促反应的动态平衡。鸡 MDH 基因包括 14 个外显子和 13 个内含子，成熟的 MDH 多肽由 557 个氨基酸组成。

课题组（2009）以京海黄鸡为试验材料，采用 PCR－RFLP 方法研究苹果酸脱氢酶（MDH）基因单核苷酸多态性（SNPs）对京海黄鸡早期体重的遗传效应。PCR－RFLP 引物为 F：5′－TCCTCCAGTTCAATACAAGC－3′，R：5′－ATCAGTTCCTGTCTGTGCC－3′，所用内切酶为 SphⅠ，结果表明，MDH 基因扩增产物经 SphⅠ酶切电泳共获得 3 种基因型，经统计分析，这 3 种基因型对京海黄鸡母鸡的初生重、4、8、12、16 周龄体重和成年体重均无显著影响（P>0.05）。MDH 基因型对京海黄鸡母鸡生长性状的影响见表 39。

表 39 MDH 基因型对京海黄鸡母鸡生长性状的影响

体重（g）	基因型		
	AA（48）	AB（41）	BB（4）
0 周龄	32.45±3.43	33.06±3.15	30.50±3.54
4 周龄	143.12±26.00	144.25±21.04	142.50±7.78
8 周龄	398.25±59.36	397.36±69.18	347.50±21.92
12 周龄	705.06±109.24	722.89±119.86	695.00±108.89
14 周龄	959.64±103.89	970.51±90.71	890.00±100.42
16 周龄	1 849.86±243.28	1 915.29±275.74	1 667.50±180.31
300 日龄	1 849.86 ±243.28	1 915.29±275.74	1 667.50±180.31

10. 信号转导及转录激活子（STAT）基因与京海黄鸡早期体重的相关性研究 信号转导及转录激活子（STAT）是一种转录因子，对细胞内的信号转导和转录激活发挥关键性作用。STAT 家族有 7 个成员，即 STAT1、STAT2、STAT3、STAT4、STAT5a、STAT5b、STAT6。STAT5b 具有广泛的生物学作用，主要参与免疫炎症反应，调控细胞的增殖、分化和凋亡。STAT5b 是 GH、GHR、IGF、催乳素以及胰岛素信号通路的重要调

控因子，这些激素与生长、泌乳、新陈代谢密切相关。STAT5b 可以通过 PRL 信号途径促进泌乳，还可通过 GH 信号途径参与细胞、组织及机体的生长和发育调控。

课题组（2012）以京海黄鸡为研究对象，以 AA 肉鸡、尤溪麻鸡、边鸡为对照组，采用 PCR－SSCP 技术检测 STAT5b 基因 5′调控区的多态性，并分析不同单倍型组合与生长和繁殖性状的相关性，旨在寻找与京海黄鸡生长和繁殖相关的遗传标记。研究首先根据 GenBank STAT5b 基因 5′调控区（NC _ 006114）设计 2 对 PCR 引物，P1 引物序列 F 为：5′-TTTTGCAGCCAATGTGGTAA－3′，R 为：5′-AACTCAACAAGCCACAGCAA－3′。P2 引物序列为 F：5′-GCTCTGTTTGCTGTGTGCAT－3′，R：5′-CATTGGAGAGCTTGGTGACA－3′。研究发现 P1 与 P2 位点分别存在 3 种基因型，P1 位点的基因型有 CC、CT 和 TT，P2 位点基因型为 GG、AG 和 AA。各位点不同基因型测序结果与 STAT5b 基因原序列比对发现，P1 位点存在 1 处单核苷酸突变，为 C1591T，P2 位点存在 G250A 的单核苷酸突变，均位于 5′ UTR 处。2 个单核苷酸突变位点形成 4 种单倍型。4 个鸡群体 STAT5b 单倍型及其频率见表 40。

表 40 4 个鸡群体 STAT5b 基因 5′调控区单倍型频率

群体	单倍型频率（%）			
	H_1	H_2	H_3	H_4
京海黄鸡	63.70	1.37	5.14	29.79
AA 肉鸡	64.98	0.02	8.35	26.65
尤溪麻鸡	55.31	6.35	11.35	26.98
边鸡	89.93	0.07	3.40	6.60

由上表可见，4 个鸡群体均是 H_1 单倍型的频率出现为最高，其次为 H_4 单倍型，所以 H_1 为优势单倍型。

表 41 STAT5b 基因单倍型组合与京海黄鸡早期体重性状的关联分析

单倍型组合	体 重（g）				
	0 周龄	4 周龄	8 周龄	12 周龄	16 周龄
H_1H_1（63）	34.81 ± 0.39^{B}	185.51 ± 3.34	457.94 ± 9.63^{b}	845.73 ± 14.70	$1\,138.10\pm12.42^{B}$
H_1H_2（4）	33.50 ± 1.56^{AB}	189.75 ± 13.24	461.00 ± 38.23^{ab}	857.25 ± 58.31	$1\,164.25\pm49.29^{ABab}$
H_1H_3（5）	35.40 ± 1.40^{AB}	194.40 ± 11.84	499.40 ± 34.19^{ab}	940.60 ± 52.18	$1\,155.40\pm44.09^{ABab}$
H_1H_4（51）	36.41 ± 0.44^{A}	183.77 ± 3.71	449.00 ± 10.71^{b}	839.82 ± 16.34	$1\,152.73\pm13.80^{ABb}$
H_3H_4（10）	36.10 ± 0.99^{AB}	189.30 ± 8.38	510.80 ± 24.18^{a}	896.80 ± 36.90	$1\,235.50\pm31.17^{Aa}$
H_4H_4（13）	35.69 ± 0.87^{AB}	183.92 ± 7.34	450.31 ± 21.20^{ab}	851.77 ± 32.36	$1\,158.54\pm27.34^{ABab}$

注：同列比较，标准差右上角不同小写字母表示差异显著（$P<0.05$），不同大写字母表示差异极显著（$P<0.01$），未标记的比较差异不显著（$P>0.05$）。

表 41 是 STAT5b 基因单倍型组合与京海黄鸡体重性状的关联分析结果，由表 41 可见，单倍型组合 H_1H_4 初生重极显著高于 H_1H_1（$P<0.01$）；8 周龄时，单倍型组合 H_3H_4 显著高于 H_1H_1 和 H_1H_4（$P<0.05$）。16 周龄时，单倍型组合 H_3H_4 极显著地高于 H_1H_1

（P＜0.01），除了 0 周龄外，H_1H_1 单倍型组合对体重而言是不利单倍型组合。

二、不同世代早期体重改进量

京海黄鸡经七个世代常规和分子标记辅助选择，84 日龄和 112 日龄体重均达到或超过选育目标，六、七世代 112 日龄平均体重，公鸡超过育种目标 95g 左右，母鸡从一世代的 947g 上升到七世代的 1 129g，超过育种目标 129g 左右。同时由下列不同世代、不同日龄体重分析结果可知，从第四世代开始，各日龄体重的变异系数均在 10%以内，表明从第四世代开始，群体的体重遗传性能逐渐趋于稳定，体重选择效果好。不同世代、不同日龄体重结果见表 42～49。京海黄鸡各阶段增重情况见表 50，京海黄鸡各阶段增重曲线见图 2。

表 42　京海黄鸡零世代不同日龄体重

日龄	公（♂）			母（♀）		
	N	$\bar{x}\pm s$(g)	C.V（%）	N	$\bar{x}\pm s$(g)	C.V（%）
1	1 730	30.80±2.68	8.69	3 657	30.29±3.34	11.03
56	659	527.68±92.79	17.58	3 282	417.48±69.53	16.66
84	558	1 016.97±133.65	13.14	2 208	833.16±113.06	13.57
112	152	1 201.83±135.77	11.30	1 344	997.88±118.04	11.83

表 43　京海黄鸡一世代不同日龄体重

日龄	公（♂）			母（♀）		
	N	$\bar{x}\pm s$(g)	C.V（%）	N	$\bar{x}\pm s$(g)	C.V（%）
1	2 787	30.44±3.51	11.52	2 449	30.23±3.52	11.64
56	1 554	512.11±90.86	17.74	1 859	414.19±70.78	17.09
84	1 078	1 014.96±140.65	13.86	1 715	822.93±110.04	13.37
112	510	1 172.19±161.66	13.79	1 090	947.33±129.53	13.67

表 44　京海黄鸡二世代不同日龄体重

日龄	公（♂）			母（♀）		
	N	$\bar{x}\pm s$(g)	C.V（%）	N	$\bar{x}\pm s$(g)	C.V（%）
1	526	31.10±2 057	8.28	2 358	31.04±3.10	9.97
56	444	520.11±83.43	16.04	2 217	420.00±69.33	16.51
84	373	1 027.27±136.39	13.28	2 099	835.71±124.24	14.87
112	131	1 265.43±141.08	11.15	1 337	1 047.66±117.54	11.22

表 45　京海黄鸡三世代不同日龄体重

日龄	公（♂）			母（♀）		
	N	$\bar{x}\pm s$ (g)	C.V（%）	N	$\bar{x}\pm s$ (g)	C.V（%）
1	542	33.58±2.98	8.87	2 264	33.09±3.06	9.26
56	443	533.61±94.97	17.80	2 118	437.71±65.15	14.88
84	434	1 024.70±136.11	13.28	2 050	822.22±110.67	13.46
112	121	1 284.87±126.21	9.82	1 426	1 064.66±105.69	9.93

表 46　京海黄鸡四世代不同日龄体重

日龄	公（♂）			母（♀）		
	N	$\bar{x}\pm s$ (g)	C.V（%）	N	$\bar{x}\pm s$ (g)	C.V（%）
1	575	30.48±2.85	9.37	4 021	30.02±2.92	9.73
56	530	536.74±52.77	9.83	3 522	439.70±41.73	9.49
84	459	1 037.61±101.35	9.77	3 255	840.44±83.15	9.89
112	322	1 261.94±122.67	9.72	2 159	1 097.14±101.51	9.25

表 47　京海黄鸡五世代不同日龄体重

日龄	公（♂）			母（♀）		
	N	$\bar{x}\pm s$ (g)	C.V（%）	N	$\bar{x}\pm s$ (g)	C.V（%）
1	872	29.88±2.91	9.74	4 272	29.37±2.91	9.91
56	577	528.40±50.28	9.52	3 608	444.18±41.27	9.29
84	540	991.06±97.96	9.88	3 552	850.75±84.84	9.97
112	178	1 295.95±126.32	9.75	2 107	1 101.17±105.16	9.55

表 48　京海黄鸡六世代不同日龄体重

日龄	公（♂）			母（♀）		
	N	$\bar{x}\pm s$ (g)	C.V（%）	N	$\bar{x}\pm s$ (g)	C.V（%）
1	1 925	31.45±3.07	9.75	4 898	31.11±2.77	8.91
56	1 832	528.27±50.81	9.62	4 714	478.81±46.44	9.70
84	1 048	1 027.79±101.59	9.88	3 946	878.49±85.67	9.75
112	1 025	1 333.14±125.09	9.38	3 752	1 107.78±104.58	9.44

表 49　京海黄鸡七世代不同日龄体重

日龄	公（♂）			母（♀）		
	N	$\bar{x}\pm s$ (g)	C.V（%）	N	$\bar{x}\pm s$ (g)	C.V（%）
1	1 484	31.38±2.87	9.15	5 941	31.11±2.52	8.10
56	1 124	556.25±55.30	9.94	5 113	486.23±45.67	9.39
84	612	1 011.81±95.16	9.40	4 275	873.49±86.25	9.87
112	446	1 345.22±129.70	9.64	2 713	1 129.46±111.09	9.84

表 50　京海黄鸡各阶段增重情况表

周龄	公（♂）		母（♀）	
	N	增重（g）	N	增重（g）
0	120	31.45	700	31.04
4	110	176.82	694	150.23
8	100	318.10	498	295.01
12	80	505.01	495	394.46
16	60	258.02	493	282.61
20	50	234.18	400	240.17
24	49	124.18	393	105.25

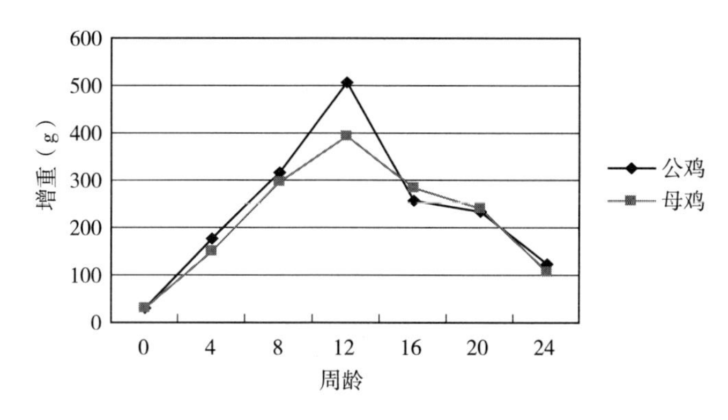

图 2　京海黄鸡各阶段增重曲线

由表 50 可见，无论公鸡还是母鸡，京海黄鸡 8～12 周龄的增重最快，但公鸡增重大于母鸡。图 2 更直观地反映了各阶段的增重，总体上看各阶段增重呈现一种对称的趋势，12 周龄前增重的幅度和 12 周龄后下降的幅度大致相同。

三、分子标记 J 带新品系选育结果

根据课题组前期 EAV/DNA 指纹技术综合研究的结果，即以 EAV（禽内源性反转录病毒片段）为探针，以 EcoR Ⅰ 为限制性内切酶，对京海黄鸡、新扬州鸡、萧山鸡、SR92A 系鸡进行了 DNA 指纹检测，发现并证实了 DNA 指纹图谱中长度为 3.48kb 的 J 条带对早期不同周龄体重均有显著或极显著的影响，且无 J 带的个体（J^-）平均增重高于有 J 带（J^+）的个体。以三世代培育的京海黄鸡为基础群，通过 EAV/DNA 指纹分子标记 J 带检测，采用 Falconer 证明的双向选择原理，在京海黄鸡中成功建成了 J^+ 和 J^- 2 个品系，两品系间不同日龄增重速度差异显著。J^+ 和 J^- 两品系的建立，既保持了京海黄鸡的品种特征，又丰富了京海黄鸡品种的内部结构，同时也为京海黄鸡的开发利用奠定了基础。京海黄鸡不同品系体重见表 51 和表 52。京海黄鸡不同品系产蛋性能见表 53。

表 51 京海黄鸡 J^{+} 品系不同世代不同周龄体重

周龄	性别	N（只）	品系一世代 品种四世代(g)	N（只）	品系二世代 品种五世代(g)	N（只）	品系三世代 品种六世代(g)	N（只）	品系四世代 品种七世代(g)
0	公(♂)	600	30.40±2.65	581	29.36±2.68	900	29.36±2.62	1 500	31.09±2.53
	母(♀)	600	30.18±2.41	656	29.15±2.44	915	29.15±2.65	1 500	31.21±2.55
4	公(♂)	420	241.01±22.75	406	235.52±17.05	630	234.42±38.89	1 050	241.35±22.06
	母(♀)	420	210.66±14.25	623	206.92±19.80	709	208.22±22.64	1 200	210.33±33.56
6	公(♂)	388	369.70±22.57	377	379.74±34.51	585	379.20±74.79	975	362.89±23.20
	母(♀)	390	333.73±28.23	618	337.44±34.64	707	336.22±34.47	1 150	343.89±33.98
8	公(♂)	355	585.32±59.98	349	576.85±57.25	540	579.65±58.27	900	602.27±58.97
	母(♀)	359	510.05±57.00	615	511.98±61.46	704	513.07±61.74	1 100	515.10±51.36
12	公(♂)	125	997.93±101.00	121	990.68±97.21	180	982.47±43.19	300	980.93±43.03
	母(♀)	125	843.43±83.97	613	854.22±80.20	701	828.96±43.94	1 050	828.94±43.80
16	公(♂)	29	1 157.36±90.11	86	1 167.22±103.13	81	1 199.34±78.04	135	1 146.79±109.86
	母(♀)	116	959.79±82.32	610	952.01±81.81	700	940.17±81.15	920	940.86±90.83
18	公(♂)	13	1 256.08±102.60	62	1 297.00±97.06	72	1 282.34±82.94	120	1 252.55±83.45
	母(♀)	105	1 126.87±85.85	606	1 113.26±97.30	698	1 064.33±84.07	920	1 064.40±85.24
43	公(♂)	10	1 820.72±111.85	60	1 837.30±177.47	70	1 886.88±128.33	100	1 879.56±126.35
	母(♀)	100	1 503.78±129.83	600	1 508.55±124.62	692	1 507.34±126.17	971	1 508.12±125.46

表 52 京海黄鸡 J^{-} 品系不同世代不同周龄体重

周龄	性别	N（只）	品系一世代 品种四世代（g）	N（只）	品系二世代 品种五世代（g）	N（只）	品系三世代 品种六世代（g）	N（只）	品系四世代 品种七世代（g）
0	公（♂）	600	31.70±2.65	592	29.72±2.30	800	29.86±2.44	1 500	30.99±2.48
	母（♀）	600	30.83±2.52	642	29.69±2.58	876	29.68±2.73	1 500	31.16±2.50
4	公（♂）	409	243.89±15.30	403	241.40±15.67	560	239.90±38.14	1 047	244.29±19.85
	母（♀）	416	212.20±15.52	620	213.59±21.84	651	213.87±22.01	1 198	214.90±19.16
6	公（♂）	382	378.19±23.25	374	396.37±34.66	520	397.51±38.17	971	366.98±23.17
	母（♀）	386	344.85±26.63	616	352.10±36.83	649	352.39±37.33	1 146	343.89±33.98
8	公（♂）	347	619.45±67.96	343	600.86±60.17	360	614.49±56.46	896	626.92±58.67
	母（♀）	350	551.09±56.04	614	551.99±62.38	646	553.35±63.77	1 094	557.77±54.43
12	公（♂）	119	1 088.06±85.83	116	1 077.67±94.22	160	1 072.50±40.08	297	1 069.28±80.46
	母（♀）	122	937.38±4.77	611	922.46±74.18	642	921.65±79.45	1 048	921.31±79.29
16	公（♂）	35	1 293.10±97.54	82	1 298.89±120.54	78	1 327.33±67.69	130	1 253.65±101.65
	母（♀）	115	1 057.03±102.25	607	1 059.37±91.60	641	1 054.98±56.79	920	1 055.04±98.24
18	公（♂）	12	1 392.34±79.94	63	1 389.05±80.49	67	1 440.10±81.73	120	1 414.84±84.72
	母（♀）	104	1 191.70±107.59	604	1 201.89±82.03	640	1 217.91±80.91	920	1 218.23±81.21
43	公（♂）	10	2 028.72±111.85	60	2 007.53±140.24	65	2 043.14±111.52	100	2 038.19±109.35
	母（♀）	100	1 709.15±151.50	600	1 711.52±125.60	633	1 712.26±111.50	918	1 713.06±110.21

表 53　不同品系产蛋性能表

品系世代	品种世代	品系	N（只）	开产日龄（天）	N（只）	300 日龄产蛋数（个）	300 日龄平均蛋重（g）	N（只）	66 周龄产蛋数（个）	66 周龄平均蛋重（g）
一	四	J^+	105	133.02±8.04	100	115.31±9.95	48.75±3.90	96	192.88±16.80	51.39±2.95
		J^-	105	132.73±7.97	100	115.84±7.97	49.55±3.78	95	194.20±14.31	52.54±4.63
二	五	J^+	606	129.86±7.17	600	114.10±9.90	49.33±3.80	593	195.99±18.31	51.51±2.24
		J^-	604	130.08±7.05	600	114.57±9.73	49.03±3.64	592	196.29±17.64	52.55±2.55
三	六	J^+	698	129.06±7.75	692	114.96±10.66	48.14±2.64	689	198.08±15.89	51.67±2.85
		J^-	640	128.81±8.17	633	116.02±9.97	48.29±2.67	629	198.81±15.61	52.10±2.88
四	七	J^+	920	129.89±7.87	918	114.71±10.15	48.29±2.59	915	198.15±15.28	51.79±2.95
		J^-	920	129.64±7.15	917	116.29±10.08	48.31±2.58	913	198.78±15.49	52.35±2.86

第三节　京海黄鸡繁殖性状选育

一、繁殖性能有关候选基因及分子标记遗传基础研究

1. 京海黄鸡 IGF－1 基因与部分繁殖性能间的相关性研究　课题组（2009）以京海黄鸡为试验材料，江村黄鸡、石歧杂鸡、溧阳鸡为对照，根据胰岛素样生长因子 IGF－1 外显子 1 和 3 设计的引物中有 2 对引物可以扩增出多态，其引物分别为 P1：F：5′－CACGGAAAATAAGGGAATGT－3′，R：5′－GTAAACTGCCTGCCTGTCTC－3′和 P2：F：5′－TACACATCTACCACTGTCAT－3′，R：5′－TCCTCAGGTCACAACTCT－3′。经 PCR－SSCP 技术检测，发现 P1 和 P2 扩增产物经测序有 2 个 SNP 位点，分别发生了 T→A 和 G→A 的单碱基突变，各有 3 种基因型，分别命名为 AA、AB 和 BB 和 CC、CD 和 DD。最小二乘方差分析表明，P1 位点京海黄鸡、江村黄鸡 AA 型个体具有较高的 300 日龄产蛋数，且极显著地高于 BB 型（$P<0.01$），表明 A 基因为影响产蛋数的增效基因；P2 位点不同黄羽肉鸡群体均表现出 CC 型个体具有较高的 300 日龄产蛋数，只有京海黄鸡极显著地高于 DD 型（$P<0.01$），其余群体各基因型间 300 日龄产蛋数比较差异不显著（$P>0.05$）。P1、P2 位点各基因型对 300 日龄平均蛋重均无显著影响（$P>0.05$）。P1 和 P2 位点单核苷酸位点各基因型对不同群体鸡繁殖性能的影响分析结果分别见表 54 和表 55。

表 54　P1 位点各基因型对不同鸡群体部分繁殖性能的影响

群体	生产性能	P1 位点基因型		
		AA	AB	BB
京海黄鸡	300 日龄产蛋数（个）	$142.54±17.94^{A}$	$134.57±14.59^{AB}$	$125.92±28.29^{B}$
	300 日龄体重（g）	1 949.92±235.45	1 886.14±240.92	1 814.15±128.42
	平均蛋重（g）	51.38±4.15（46）	52.00±4.29（52）	53.33±3.75（22）
江村黄鸡	300 日龄产蛋数（个）	$120.20±30.38^{A}$	$100.07±29.44^{A}$	$86.50±31.47^{B}$
	300 日龄体重（g）	$1\,890.22±224.19^{A}$	$1\,592.31±164.18^{B}$	$1\,527.67±194.16^{B}$
	平均蛋重（g）	47.95±3.19（20）	51.00±3.03（14）	48.29±3.58（6）

（续）

群体	生产性能	P1 位点基因型		
		AA	AB	BB
石岐杂鸡	300 日龄产蛋数（个）	114.50±12.34	110.78±9.39	106.13±18.73
	300 日龄体重（g）	3 270.00±339.25^{A}	3 158.44±270.75^{AB}	3 001.13±294.62^{B}
	平均蛋重（g）	60.00±5.66（4）	63.78±4.05（9）	61.50±5.73（8）
溧阳鸡	300 日龄产蛋数（个）	114.50±12.34	110.78±9.39	106.13±18.73
	300 日龄体重（g）	2 721.33±159.52	2 712.26±346.61	2 605.50±266.52
	平均蛋重（g）	60.00±5.68（14）	63.78±4.05（27）	61.50±5.73（6）

注：同行比较，标准差右上角不同大写字母表示差异极显著（P<0.01），未标记的比较表示差异不显著（P>0.05）。

表 55 P2 位点各基因型对不同鸡群体繁殖性能的影响

群体	生产性能	P1 位点基因型		
		CC	CD	DD
京海黄鸡	300 日龄产蛋数（个）	139.83±16.09^{A}	125.00±12.00^{B}	116.50±4.71^{B}
	300 日龄体重（g）	1 913.64±221.02	1 848.00±190.14	1 614.00±192.33
	平均蛋重（g）	51.85±4.24（107）	52.80±2.28（9）	54.00±5.66（4）
江村黄鸡	300 日龄产蛋数（个）	116.69±28.95	105.46±33.81	98.73±34.44
	300 日龄体重（g）	1 816.93±253.42^{A}	1 669.54±259.52^{AB}	1 659.11±225.58^{B}
	平均蛋重（g）	49.56±3.33（16）	47.23±3.22（13）	48.00±3.35（11）
石岐杂鸡	300 日龄产蛋数（个）	114.20±11.80	105.13±16.58	107.00±11.27
	300 日龄体重（g）	3 168.60±326.63	3 103.88±234.21	2 999.33±294.62
	平均蛋重（g）	61.80±5.53（10）	62.25±4.95（8）	63.33±5.03（3）
溧阳鸡	300 日龄产蛋数（个）	72.03±9.08	71.00±11.53	71.00±10.18
	300 日龄体重（g）	2 727.04±306.26	2 648.67±127.06	2 702.67±336.44
	平均蛋重（g）	54.86±4.09（14）	56.50±4.12（27）	56.29±3.15（6）

注：同行比较，标准差右上角不同大写字母表示差异极显著（P<0.01），未标记的比较表示差异不显著（P>0.05）。

2. 京海黄鸡 IGFⅡ基因外显子 2 SNPs 不同基因型对繁殖性能的影响 课题组（2010）采用 PCR－SSCP 技术对京海黄鸡 IGFⅡ基因的第 2 外显子进行 SNPs 检测和基因型分析，并进一步研究了各基因型对京海黄鸡部分繁殖性能的影响。结果表明，该外显子的扩增产物在 6707 bp 处出现 1 个 G→C 突变位点，形成 AA、BB 和 AB 3 种基因型，基因型频率为 AA>AB>BB。表 56 是京海黄鸡 IGFⅡ基因外显子 2 各基因型对部分繁殖性状的影响分析结果，由表可见，3 种基因型对京海黄鸡开产日龄、300 日龄体重、300 日龄产蛋数、300 日龄平均蛋重及 642 日龄产蛋数均无显著影响，但总体而言，上述 5 个指标的效应均有 AB>AA>BB 趋势，体现出杂合子的效应为最大。表明该区域的多态性对京海黄鸡繁殖性能有一定影响，但其效应未达到统计方法所检测的显著水平，尚需继续研究。

表 56　京海黄鸡 IGFⅡ基因外显子 2 各基因型对部分繁殖性状的影响

性　状	基　因　型		
	AA (135)	AB (51)	BB (6)
开产日龄（天）	130.68±9.24	132.17±9.94	130.67±6.34
300 日龄产蛋数（个）	111.11±14.73	111.24±15.88	106.86±14.46
642 日龄产蛋数（个）	193.08±19.80	193.94 ± 20.83	182.86±20.45
300 日龄平均蛋重（g）	48.33±3.55	48.58±2.78	49.67±3.39
300 日龄体重（g）	1 863.67±246.77	1 900.19±257.82	1 835.00±282.77

课题组（2008）设计 3 对引物，采用 PCR－SSCP 技术对京海黄鸡 IGF－Ⅱ基因进行 SNP 检测，其设计的引物分别为：P1：F：5′－GGAGGAGTGCTGCTTTCCG－3′，R：5′－TTTCCCTTTTCTCCTCTTTC－3′；P2：F：5′－GATGACCAGTGGGACGAAAT－3′，R：5′－AAGCAGCAGATCATAGAGCA－3′；P3：F：5′－TAAGAACAATTTGGGTTGGA－3′，R：5′－AAACTGCACATAAGGAGGAA－3′。每对引物经 PCR－SSCP 技术检测均检测到一个单核苷酸突变，分别为 C→G、G→C 和 G→A 单碱基突变，各对引物检测均形成 3 种基因型。最小二乘方差分析表明，P1 位点 AA 与 BB 基因型个体 300 日龄产蛋数间比较存在显著差异（P＜0.05），A 为增效等位基因，B 为减效等位基因；组合基因型 AA/CC/EF平均蛋重显著高于 AB/CD/EE 与 AB/CD/EF（P＜0.05）。不同基因型或基因型组合与京海黄鸡繁殖性能和生产性能的关系分别见表 57 和表 58。

表 57　不同基因型与鸡群体繁殖性能关系

引物	繁殖性能	AA 型	AB 型	BB 型
P1	300 日龄产蛋数（个）	140.88±15.937[a]（17）	134.639±22.35[ab]（36）	116.75±1.50[b]（4）
	平均蛋重（g）	53.06±4.13（17）	51.941±2.72（35）	53.00±2.58（4）
	繁殖性能	CC 型	CD 型	DD 型
P2	300 日龄产蛋数（个）	134.37±21.26（38）	138.278±19.06（18）	118.500±4.51（4）
	平均蛋重（g）	52.54±3.61（37）	50.67±5.13（18）	53.00±2.58（4）
	繁殖性能	EE 型	EF 型	FF 型
P3	300 日龄产蛋数（个）	135.43±22.83（40）	132.94±14.59（17）	135.43±22.83（3）
	平均蛋重（g）	52.15±3.77[a]（39）	52.59±4.46[a]（17）	46.67±4.16[b]（3）

注：同行比较，标准差右上角不同小写字母表示差异显著（P＜0.05），未标记的比较表示差异不显著（P＞0.05）。

表 58　P1 /P2 /P3 组合基因型与鸡繁殖性能间关系

基因型组合	300 日龄产蛋数（个）	平均蛋重（g）
AA/CC/EE	143.36±16.18（52）	52.00±3.46[ab]（11）
AA/CC/EF	136.60±17.70（5）	56.00±4.69[a]（5）
BB/DD/EE	116.33±1.53（3）	52.67±3.06[ab]（3）
AB/CC/EE	132.64±30.77（11）	52.40±3.37[ab]（10）

（续）

基因型组合	300 日龄产蛋数（个）	平均蛋重（g）
AB/CC/EF	132.57±13.73（7）	52.86±3.02^{ab}（7）
AB/CD/EE	138.75±22.30（12）	51.67±5.11^{b}（12）
AB/CD/EF	137.67±17.01（3）	48.00±3.46^{b}（3）
平均值	136.04±21.04（52）	52.31±4.07^{ab}（51）

注：同列比较，标准差右上角不同小写字母表示差异显著（P<0.05），未标记的比较表示差异不显著（P>0.05）。

3. 京海黄鸡 IGF1R 基因 SNPs 及其与繁殖性状相关性研究 课题组（2012）根据 GenBank 发表的鸡 IGF1R 基因序列针对外显子 2 和 3 设计 2 对引物，采用池 DNA 测序和 PCR－RFLP技术，对京海黄鸡 IGF1R 基因的 Alu Ⅰ和 Hin1 Ⅰ位点进行多态性检测，并与京海黄鸡繁殖性能进行关联分析。结果表明：Alu Ⅰ位点 AA、AB 和 BB 基因型个体在开产日龄、开产体重、开产蛋重、300 日龄产蛋数等繁殖性状上无显著差异；Hin1 Ⅰ位点 CC、CD 和 DD 基因型个体在开产蛋重上存在显著差异（P<0.05），且 DD 基因型显著高于 CC 基因型（见表 59）。研究结果初步显示，IGF1R 基因可能是影响京海黄鸡开产体重的一个主效基因或是与之存在紧密遗传连锁的一个标记。

表 59 Alu Ⅰ、Hin1 Ⅰ酶切位点基因型与京海黄鸡繁殖性状的相关分析

内切酶	基因型	开产日龄（天）	开产体重（g）	开产蛋重（g）	300 日龄产蛋数（个）
Alu Ⅰ	AA（111）	142.03±0.97	1 572.58±17.88	32.98±0.47	94.41±2.03
	AB（80）	138.38±1.14	1 553.70±21.06	32.88±0.55	95.95±2.39
	BB（9）	143.44±3.39	1 644.78±62.79	33.33±1.65	95.44±7.12
Hin1 Ⅰ	CC（93）	140.95±1.07	1551.73±19.57	32.51±0.51^{b}	97.08±2.21
	CD（87）	140.37±1.11	1 583.40±20.23	33.00±0.52^{ab}	93.74±2.28
	DD（20）	140.30±2.31	1 579.40±42.19	34.85±1.09^{a}	91.60±4.76

注：同列比较，标准差右上角不同小写字母表示差异显著（P<0.05），未标记的比较表示差异不显著（P>0.05）。

4. 京海黄鸡 IGFBP－2 基因 SNPs 及其与繁殖性状相关性研究 课题组（2011）设计 1 对引物 P1，引物序列为 F：5′－AGGTGTTGGGTTGCTCTTCG－3′，R：5′－GCTACTTGCCTGCTTGAGATTG－3′，采用 PCR－SSCP 方法检测京海黄鸡、AA 肉鸡、尤溪麻鸡、边鸡 4 个鸡群体胰岛素样生长因子结合蛋白 2（IGFBP－2）第 2 内含子部分序列和第 3 外显子的 SNP 多态性，并分析其对京海黄鸡繁殖性能的遗传效应。结果表明：在所设计引物扩增的区域中，内含子区共检测到 4 个 SNP 位点，外显子区有 2 个 SNP 位点，共形成 10 种基因型。χ^2检验结果表明，除边鸡外其余 3 个群体在该座位均处于 Hardy－Weinberg 平衡状态（P>0.05）。由于京海黄鸡中 AD 基因型频率只有 0.010，CD 基因型只有 0.005，没有检测到 DD 基因型，所以仅对其余 7 种基因型对京海黄鸡繁殖性能的影响进行关联分析，由表 60 关联分析结果可见，除开产蛋重外，其他各繁殖性状不同基因型间均存在显著差异（P<0.05）。因此，推测 IGFBP－2 基因对京海黄鸡的繁殖性能有一定影响，将 IGFBP－2 基因应用于鸡育种过程中的标记辅助选择可以加快京海黄鸡部分繁殖性状的育种进程。

表 60　IGFBP－2 基因 P1 位点不同基因型与京海黄鸡繁殖性能的关联分析

性状	基因型						
	AA（33）	AB（53）	AC（33）	BB（18）	BC（38）	BD（7）	CC（15）
开产蛋重（g）	31.97±1.01	32.76±0.80	31.88±1.01	32.39±1.37	33.29±0.95	33.29±2.20	33.20±1.50
开产体重（g）	1611.21±29.85[a]	1552.23±23.56[ab]	1522.97±29.86[b]	1622.89±40.43[a]	1605.84±27.82[a]	1582.14±64.83[ab]	1566.40±44.28[ab]
开产日龄（天）	141.94±1.68[ab]	138.79±1.33[b]	137.85±1.68[b]	141.89±2.27[ab]	142.87±1.57[a]	139.14±3.65[ab]	140.93±2.49[ab]
300 日龄产蛋数（个）	103.36±2.12[b]	107.68±1.68[ab]	112.52±2.12[a]	106.00±2.87[ab]	106.45±1.98[ab]	109.71±4.61[ab]	109.67±3.15[ab]
300 日龄蛋重（g）	50.15±0.71[ab]	50.59±0.56[ab]	50.52±0.71[ab]	51.06±0.96[ab]	49.84±0.66[ab]	53.14±1.54[a]	49.33±1.05[b]
300 日龄体重（g）	1814.67±47.00[ab]	1785.91±37.08[b]	1838.85±47.00[ab]	1814.39±63.63[ab]	1788.61±43.80[b]	1999.29±102.03[a]	1741.47±69.70[b]

注：同行比较，标准差右上角不同小写字母表示差异显著（P<0.05），未标记的比较表示差异不显著（P>0.05）。

同样，课题组（2011）还是采用 PCR－SSCP 方法检测京海黄鸡、AA 肉鸡、尤溪麻鸡、边鸡 4 个鸡群体 IGFBP－2 第 3 内含子部分序列、第 4 外显子及 3′调控区的多态性，并分析其对京海黄鸡繁殖性能的遗传效应。结果显示，IGFBP－2 基因在 P1、P3 引物扩增片段中存在多态性。对于 P1 扩增片段，在京海黄鸡和 AA 肉鸡中都检测到 EE、EF 和 FF3 种基因型，在尤溪麻鸡和边鸡中只检测到 EE 型；测序表明 FF 型与 EE 型相比有 2 处突变（T3746G，CC3753TT）；京海黄鸡 3 种基因型之间 300 日龄蛋重、300 日龄体重最小二乘均值差异显著（P<0.05）。对于 P3 扩增片段，在 4 个鸡群体中都检测到 GG、GH 和 HH 3 种基因型；测序表明 HH 型与 GG 型相比有 1 处缺失（4415GCGGGAAG），京海黄鸡 3 种基因型间繁殖性状的最小二乘均值差异均不显著（P>0.05）。统计分析结果见表 61 和表 62。

表 61　IGFBP－2 基因 P1 位点不同基因型与京海黄鸡繁殖性能的关联分析

繁殖性能	基因型		
	EE（96）	EF（24）	FF（80）
开产蛋重（g）	32.78±0.59	31.58±1.17	32.60±0.64
开产体重（g）	1 570.44±17.49	1 532.00±34.98	1 592.84±19.16
开产日龄（天）	140.43±0.99	140.84±1.98	140.46±1.09
300 日龄产蛋数（个）	106.51±1.25	111.42±2.50	107.79±1.37
300 日龄蛋重（g）	50.33±0.41[a]	48.67±0.83[b]	50.89±0.45[a]
300 日龄体重（g）	1 789.92±30.10[ab]	1 714.92±60.19[b]	1 827.64±32.97[a]

注：同行比较，标准差右上角不同小写字母表示差异显著（P<0.05），未标记的比较表示差异不显著（P>0.05）。

表 62 IGFBP-2 基因 P3 位点不同基因型与京海黄鸡繁殖性能的关联分析

繁殖性能	基因型		
	GG (107)	GH (77)	HH (16)
开产蛋重 (g)	32.48±0.58	32.58±0.66	32.96±1.23
开产体重 (g)	1 582.62±17.14	1 565.34±19.63	1 571.91±36.72
开产日龄 (天)	140.76±0.96	139.30±1.10	143.46±2.06
300 日龄产蛋数 (个)	107.15±1.22	109.03±1.40	104.77±2.62
300 日龄蛋重 (g)	50.09±0.41	50.57±0.47	50.82±0.88
300 日龄体重 (g)	1 800.55±26.63	1 831.94±30.50	1 736.96±57.06

注：同行比较，标准差右上角不同小写字母表示差异显著（P<0.05），未标记的比较表示差异不显著（P>0.05）。

5. 京海黄鸡 IGFBP-3 基因 SNPs 及其与繁殖性状相关性研究 课题组（2010）以京海黄鸡母鸡为材料，采用 PCR-SSCP 技术对 IGFBP-3 基因外显子 1 及内含子 1 部分序列多态位点进行研究，并计算基因型频率、基因频率、卡方值和部分遗传多样性性指标，结果见表 63。结果表明，在外显子 1 上没有检测到多态位点，在内含子 1 上检测到 1 个单核苷酸变异的多态位点，即在 160 bp 处发生了 T 到 G 的突变，该位点为中度多态，AA 型的 11 月产蛋数显著大于 BB、AB 型（P<0.05）。由此初步推断，内含子 1 对产蛋性能很可能有一定的促进作用，A 为产蛋数的优势基因。

表 63 IGFBP-3 基因各基因型与繁殖性能的相关性

繁殖性能	基因型		
	AA (18)	AB (83)	BB (99)
开产蛋重 (g)	33.73±1.28	32.91±0.56	33.04±0.51
开产体重 (g)	1 597.67±48.84	1 582.49±21.41	1 561.68±19.61
8 月产蛋数 (个)	6.6±1.46	8.73±0.64	9.20±0.59
9 月产蛋数 (个)	21.27±1.25	20.83±0.55	20.56±0.50
10 月产蛋数 (个)	19.8±1.35	19.18±0.59	19.78±0.54
11 月产蛋数 (个)	19.47±1.36^{a}	17.15±0.60^{b}	16.78±0.55^{b}
12 月产蛋数 (个)	20.47±1.53	19.44±0.67	18.32±0.61
1 月前 25 天产蛋数 (个)	12.73±1.44	13.0±0.63	12.26±0.58
300 日龄产蛋数 (个)	100.33±5.17	97.05±2.27	96.86±2.08

注：同行比较，标准差右上角不同小写字母表示差异显著（P<0.05），未标记的比较表示差异不显著（P>0.05）。

6. 鸡溶菌酶（LYZ）基因与京海黄鸡繁殖性能的相关性研究 课题组（2010）以京海黄鸡慢速 J^{+} 和快速 J^{-} 两个品系 F_2 代育种群为试验材料，对鸡 LYZ 基因外显子进行了 SNP_s 检测，结果在京海黄鸡 LYZ 基因外显子 1 和 2 上发现了 3 个突变位点（G111A、T1426C、C1492T）；LYZ 基因外显子 1、外显子 2 不同基因型和不同单倍型对 F_2 代产蛋性能的影响分别见表 64、表 65 和表 66。统计分析结果表明（表 64），外显子 1 的 G111A 突变形成的 AA 基因型个体开产日龄小于 GG 和 GA 型个体（P<0.05）；外显子 2 两个位点的 SNP 形

成5种基因型（表65），TN基因型个体开产体重显著高于TT、CT和CN基因型个体（P<0.05）；由外显子1和2的3个突变位点形成的不同单倍型对开产体重产生的影响差异显著（P<0.05）（见表66），GTT单倍型开产体重显著高于GCT、ATC和GTC单倍型，达1812.66g，在所有单倍型中，GCT开产体重最轻，只有1470.67g；群体遗传学分析表明，3个突变位点的基因型在两品系间差异显著（P<0.05）。初步推断LYZ基因可能是与京海黄鸡开产体重的相关的分子标记。

表64　LYZ基因外显子1不同基因型对 F_2 代产蛋性能的影响

性状	基因型		
	GG（267）	GA（158）	AA（60）
开产日龄（天）	137.24±8.59[a]	136.50±5.47[a]	122.02±9.89[b]
开产蛋重（g）	33.19±11.31	32.09±5.32	34.50±10.61
开产体重（g）	1 555.69±105.54	1 568.10±126.53	1 594.50±139.20
300日龄产蛋数（个）	11.26±3.44	109.21±5.30	110.59±7.64
66周龄产蛋数（个）	190.94±9.87	193.19±15.63	192.97±10.11

注：同行比较，标准差右上角不同小写字母表示差异显著（P<0.05），未标记的比较表示差异不显著（P>0.05）。

表65　LYZ基因外显子2不同基因型对 F_2 代产蛋性能的影响

性状	基因型				
	CC（172）	TT（53）	CT（172）	CN（49）	TN（39）
开产日龄（天）	136.23±8.95	138.50±6.36	136.23±7.25	142.06±3.57	144.14±4.67
开产蛋重（g）	33.69±13.47	34.50±12.02	32.35±7.25	34.33±5.24	34.16±4.74
开产体重（g）	1 594.56±117.59[ab]	1 474.53±101.82[b]	1 511.52±54.01[b]	1 462.67±120.50[b]	1 812.75±95.16[a]
300日龄产蛋数（个）	110.14±15.65	110.21±16.58	110.18±17.87	109.3±18.84	113.94±11.19
66周龄产蛋数（个）	192.73±10.17	191.97±19.75	196.36±18.83	192.08±12.84	196.83±17.55

注：同行比较，标准差右上角不同小写字母表示差异显著（P<0.05），未标记的比较表示差异不显著（P>0.05）。

表66　LYZ基因不同单倍型对产蛋性能的比较分析

性状	单倍型					
	ACG（74）	GCT（17）	GTT（23）	ATC（65）	GTC（169）	GCC（133）
开产日龄（天）	133.53±8.79	144.42±4.33	144.30±2.51	138.23±5.15	136.07±8.29	136.88±8.59
开产蛋重（g）	34.13±6.00	36.53±5.85	34.07±4.94	32.50±7.77	32.81±7.40	33.58±12.24
开产体重（g）	1 591.25±104.08[ab]	1 470.67±139.45[b]	1 812.66±135.56[a]	1 501.52±40.31[b]	1 498.48±114.57[b]	1 565.81±109.67[ab]

（续）

性状	单倍型					
	ACG（74）	GCT（17）	GTT（23）	ATC（65）	GTC（169）	GCC（133）
300日龄产蛋数（个）	101.79±5.07	112.22±10.80	109.02±4.77	109.14±15.72	110.42±5.54	108.61±7.85
66周龄产蛋数（个）	189.67±17.48	194.71±19.39	191.7±12.16	191.35±17.14	192.28±18.31	192.07±12.12

注：同行比较，标准差右上角不同小写字母表示差异显著（P<0.05），未标记的比较表示差异不显著（P>0.05）。

7. 钙调素（CAM）基因与京海黄鸡蛋壳质量的相关性研究 目前已知有超过30种酶受钙调素调节，体内凡受Ca影响的生理过程都与此有关。主要生理功能有调节钙代谢、环核苷酸功能、糖代谢、神经递质的合成与释放等。同时该基因还与细胞增殖、分裂相关的生长因子、激素相互作用有关，如会影响胰岛素、表皮生长因子（EGF）、转化生长因子（TGF）、血小板衍生生长因子（PDGF）间的相互作用等。

课题组（2009）以300日龄京海黄鸡为实验材料，对蛋壳质量性状进行了相关性分析，结果表明：蛋壳强度与蛋壳重呈极显著的正相关（P<0.01），相关系数为0.48。蛋壳厚度与蛋壳重、壳钙重呈极显著正相关（P<0.01），相关系数分别达到0.82和0.59。壳钙重与壳厚、壳重和壳钙百分率均呈极显著正相关（P<0.01），相关系数分别为0.59、0.74和0.69。同时根据GenBank上发布的钙调素基因序列（No：L00101）设计1对引物F：5′-TTTAAGCCCTTCTGCACATCT-3′，R：5′-CAGGTATGGCCACAAACAAG-3′，并通过PCR-SSCP方法对调节钙沉积的CAM基因进行多态性检测，并分析各基因型对上述蛋壳质量性状的遗传效应。结果发现CAM基因479bp和480bp处各发生1个单核苷酸碱基突变，即C479T、G480A。碱基突变形成的3种基因型对京海黄鸡300日龄的蛋壳质量均无显著遗传效应（P>0.05），初步表明这两个单核苷酸突变对京海黄鸡300日龄蛋壳质量没有显著影响。京海黄鸡蛋壳质量性状间相关性分析结果见表67，京海黄鸡CAM基因对300日龄蛋壳质量性状的方差分析结果见表68。

表67 京海黄鸡蛋壳质量性状间相关性分析

性状	蛋重	蛋形指数	蛋壳厚度	蛋壳重	蛋壳强度	壳钙百分率
蛋形指数	0.10					
蛋壳厚度	0.04	0.06				
蛋壳重	0.24**	0.01	0.82**			
蛋壳强度	0.05	-0.09	0.18**	0.48**		
壳钙百分率	-0.02	0.00	0.03	0.03	-0.03	
壳钙重	0.18**	0.00	0.59**	0.74**	0.32**	0.69**

注：* 表示相关达到显著水平（P<0.05）。** 表示相关达到极显著水平（P<0.01）。

表 68 京海黄鸡 CAM 基因对 300 日龄蛋壳质量性状的分析结果

性状	AA	AB	BB
蛋重（g）	49.51±4.02	49.09±3.19	50.02±3.87
蛋形指数	1.35±0.08	1.36±0.08	1.36±0.08
蛋壳厚度（μm）	97.3±36.7	111.4±36.7	109.1±20.7
蛋壳重（g）	3.81±0.43	3.77±0.49	3.86±0.47
蛋壳强度（g/cm^2）	3 621.25±763.01	3 707.61±993.92	3 707.44±924.25
壳钙百分率（%）	36.31±6.55	35.81±5.79	36.02±4.91
壳钙重（g）	1.38±0.29	1.37±0.28	1.39±0.25

同时，课题组（2012）还采用 PCR－SSCP 技术，对钙调素（CAM）基因启动子序列多态性与京海黄鸡产蛋性状和蛋壳性状的遗传效应进行了研究，PCR－SSCP 检测引物序列为 F：5′－GACGCAGAATGGAAGCAGAT－3′；R：5′－CCAGCTTACAGATGCGTTTTC－3′。不同基因型扩增产物经测序，并与 GenBank（M31605）中的序列进行比对分析，发现在扩增区域内有 3 个 SNPs 位点，分别位于第 326bp、327bp、366bp 处，并发生了 A→G、G→A、C→T 的单核苷酸突变（见表 69），形成 6 种基因型，分别是 AA、AB、AC、BB、BC 和 CC。由表 70 京海黄鸡 CAM 基因启动子区域 SSCP 基因型对产蛋性能的效应可见，AA 基因型个体的 300 日龄产蛋数和 66 周龄产蛋数显著高于 BB 型个体（$P<0.05$）。由表 71 可见，AA 型个体的蛋壳强度和蛋壳重显著小于 AB、BB、AC 和 BC 型个体（$P<0.05$）。CAM 基因座对京海黄鸡 300 日龄蛋重、蛋型指数、蛋壳强度和壳重百分率的主效应指数（MEI）均大于 3%。初步推断 CAM 基因座可能是影响京海黄鸡产蛋数和蛋壳质量性状重要候选基因。

表 69 引物扩增产物的 3 个 SNP 组成的单倍型

单倍型	位点		
	326	327	366
A	G	A	T
B	A	G	C
C	G	A	C

表 70 京海黄鸡 CAM 基因启动子区域 SSCP 基因型对产蛋性能的效应

产蛋性状	基因型					
	AA（4）	AB（6）	BB（29）	AC（19）	BC（157）	CC（81）
开产日龄（天）	126.75±5.50	131.17±9.95	134.21±10.98	127.47±13.01	131.60±8.72	130.48±9.39
300 日龄产蛋数（个）	117.50±9.26[a]	113.67±11.34[a]	104.34±18.37[b]	116.32±19.13[a]	110.04±15.37[ab]	112.02±15.65[a]

（续）

产蛋性状	基因型					
	AA（4）	AB（6）	BB（29）	AC（19）	BC（157）	CC（81）
300 日龄蛋重（g）	44.33±4.04[b]	48.00±2.00a[b]	48.13±2.76a[b]	49.00±2.81[a]	48.92±3.69[a]	47.13±6.89[ab]
66 周龄蛋数（个）	206.50±8.50[a]	198.83±17.97[ab]	185.70±21.86[b]	196.00±15.96[ab]	192.91±19.95[ab]	194.41±19.41[ab]

注：同行比较，标准差右上角不同小写字母表示差异显著（P<0.05），未标记的比较表示差异不显著（P>0.05）。

表 71 京海黄鸡 CAM 基因启动子区域 SSCP 基因型对 300 日龄蛋壳质量的影响

性状	基因型					
	AA（4）	AB（6）	BB（29）	AC（19）	BC（157）	CC（81）
蛋形指数	1.38±0.07[ab]	1.42±0.13[a]	1.37±0.04[ab]	1.37±0.04[ab]	1.35±0.06[b]	1.34±0.07[b]
蛋壳厚度（mm）	0.31±0.01	0.31±0.01	0.31±0.02	0.32±0.01	0.31±0.00	0.32±0.01
蛋壳强度（N/cm²）	2.87±0.79[c]	4.07±1.07[a]	3.99±0.83[b]	4.30±0.92[a]	13.81±0.99[b]	3.73±0.86[b]
蛋壳重（g）	3.41±0.33[b]	4.05±0.61[a]	4.00±0.53[a]	3.93±0.40[a]	3.89±0.45[a]	3.86±0.45[ab]
壳钙重（g）	1.33±0.15[b]	1.49±0.26[a]	1.46±0.23[a]	1.47±0.15[a]	1.41±0.27[ab]	1.42±0.26[ab]
壳重百分率（%）	7.94±0.50[b]	8.24±0.69[a]	8.31±0.99[a]	8.43±0.80[a]	8.02±1.40[ab]	8.27±0.84[a]
壳钙百分率（%）	38.95±1.20	36.61±1.89	36.52±4.25	37.49±1.92	36.15±5.17	36.57±4.78

注：同行比较，标准差右上角不同小写字母表示差异显著（P<0.05），未标记的比较表示差异不显著（P>0.05）。

8. 骨调素（OPN）基因与京海黄鸡繁殖性能的相关性研究 研究表明，京海黄鸡骨调素（OPN）基因第 7 外显子在 3 887bp 处碱基 A 突变成 G，3 918bp 处也是 A 突变成 G，形成 3 种基因型，由表 72 可见，这 3 种基因型对开产日龄、300 日龄产蛋数、300 日龄蛋重和 66 周龄产蛋数均无显著效应（P>0.05）。

表 72 OPN 基因型对京海黄鸡母鸡繁殖性状的影响

基因型	数量（只）	开产日龄（天）	300 日龄产蛋数（个）	300 日龄蛋重（g）	66 周龄产蛋数（个）
AA	18	129.33±6.89	113.94±11.19	48.93±2.25	196.83±17.55
AB	113	131.28±10.03	109.59±18.31	48.19±6.02	192.58±20.58
BB	171	131.49±9.10	110.33±15.27	48.45±3.37	192.91±19.53

采用 PCR－SSCP 技术对京海黄鸡 OPN 基因第 6 外显子和部分第 6 内含子序列进行了 SNPs 检测，结果发现存在 4 个单核苷酸突变，形成 5 种基因型组合（表 73）。由表 74 可见，这 5 种基因型对 300 日龄蛋重、蛋壳重、66 周龄产蛋数有显著效应；对开产日龄、300 日龄产蛋数、蛋形指数、蛋壳厚度和蛋壳强度的效应均不显著。H_2 型个体 300 日龄蛋重和蛋壳显著高于 H3 基因型（P<0.05）。H_5 型个体 66 周龄产蛋数最高，达 196.17 个。结果显示，该基因可能对调控鸡 300 日龄蛋重和 66 周龄产蛋数起重要作用。OPN 基因 SNP 位点各基因型间繁殖性状的方差分析见表 74。

表 73 京海黄鸡 OPN 基因 5 个单核苷酸突变形成的基因型及其频率

基因型	频率	位置			
		3 010bp	3 159bp	3 217bp	3 283bp
H_1	0.40	G	G/A	—	C
H_2	0.25	A	G	—	A
H_3	0.07	G	A	—	C
H_4	0.19	A	G	T	A
H_5	0.09	G	A	T	C

表 74 OPN 基因 SNP 位点各基因型间繁殖性状的比较

性状	H1	H2	H3	H4	H5
开产日龄（天）	131.23±9.75	131.38±8.37	133.52±11.02	130.48±10.21	132.41±8.82
300 日龄产蛋数（个）	110.98±16.18	111.31±13.47	104.14±20.41	111.14±16.26	107.07±18.03
300 日龄蛋重（g）	$49.64±3.49^{ab}$	$50.23±4.14^{a}$	$48.24±2.93^{b}$	$49.64±3.43^{ab}$	$49.87±3.47^{ab}$
蛋形指数	1.35±0.07	1.35±0.07	1.37±0.06	1.36±0.08	1.34±0.06
蛋壳厚度（mm）	0.10±0.00	0.10±0.00	0.10±0.00	0.10±0.00	0.10±0.00
蛋壳重（g）	$4.10±0.47^{ab}$	$4.17±0.47^{a}$	$3.89±0.45^{b}$	$4.05±0.48^{ab}$	$4.01±0.37^{ab}$
蛋壳强度（g/cm^2）	3842.9±952.24	3925.8±841.79	3454.05±996.29	3917.6±1070.53	3492.13±904.83
66 周龄产蛋数（个）	$194.33±19.06^{a}$	$191.84±18.85^{ab}$	$184.05±21.16^{b}$	$192.81±22.05^{ab}$	$196.17±19.13^{a}$

注：同行比较，平均数右上角不同小写字母表示差异显著（$P<0.05$），未标记的比较表示差异不显著（$P>0.05$）。

9. 苹果酸脱氢酶（MDH）基因与京海黄鸡繁殖性能的相关性研究 以京海黄鸡为试验材料，采用 PCR－RFLP 方法研究苹果酸脱氢酶（MDH）基因单核苷酸多态性（SNPs）对京海黄鸡母鸡部分繁殖性状的遗传效应。PCR－RFLP 引物为 F：5′－TCCTCCAGT-TCAATACAAGC－3′，R：5′－ATCAGTTCCTGTCTGTGCC－3′，所用内切酶为 SphⅠ，结果表明，京海黄鸡 BB 型个体的 300 日龄产蛋数和 66 周龄产蛋数极显著低于 AA 型和 AB 型个体（$P<0.01$）。说明 MDH 基因可能是影响京海黄鸡繁殖性状的主效基因或与之存在紧密遗传连锁的一个标记。MDH 基因型对京海黄鸡母鸡繁殖性状的影响见表 75。

表 75 MDH 基因型对京海黄鸡母鸡繁殖性状的影响

基因型	数量（只）	开产日龄（天）	300 日龄产蛋数（个）	300 日龄蛋重（g）	66 周龄产蛋数（个）
AA	48	$131.48±11.26^{a}$	$109.88±17.57^{aA}$	$49.45±3.71^{a}$	$193.22±21.99^{aA}$
AB	41	$131.83±9.04^{a}$	$111.78±13.45^{aA}$	$48.85±3.09^{a}$	$192.50±19.26^{aA}$
BB	4	$137.00±8.49^{a}$	$99.00±22.63^{bB}$	$53.30±5.52^{a}$	$148.00±7.07^{bB}$

注：同列比较，标准差右上角不同小写字母表示差异显著（$P<0.05$），不同大写字母表示差异极显著（$P<0.01$）。

10. 信号转导及转录激活因子（STAT）基因与京海黄鸡繁殖性能的相关性研究 课题组（2012）根据 STAT5b 基因 5′调控区序列设计 2 对引物，P1 序列为 F：5′－TTTTG-

CAGCCAATGTGGTAA－3′，R：5′－AACTCAACAAGCCACAGCAA－3′；P2 为 F：5′－GCTCTGTTTGCTGTGTGCAT －3′，R：5′－CATTGGAGAGCTTGGTGACA －3′，PCR－SSCP技术检测到 P1 位点存在 C1591T，P2 位点存在 G250A 的点突变，形成 4 种单倍型，STAT5b 基因单倍型组合与京海黄鸡繁殖性状的关联分析结果见表 76，H_3H_4 开产体重极显著地高于 H_1H_1 单倍型组合（P＜0.01），H_1H_2 开产蛋重极显著地高于其他各种单倍型组合（P＜0.01），H_1H_3 单倍型组合 300 日龄体重 显著高于 H_4H_4 组合（P＜0.05）。

表 76　STAT5b 基因单倍型组合与京海黄鸡繁殖性状的关联分析

单倍型组合	繁殖性状					
	开产体重（g）	开产蛋重（g）	300 日龄产蛋数（个）	300 日龄体重（g）	开产日龄（天）	300 日龄蛋重（g）
H_1H_1（63）	1574.25±20.80^{Bb}	34.81±0.73^{Bb}	107.65±1.65	1 855.48±35.16^{ab}	140.49±1.18	51.10±0.52
H_1H_2（4）	1 607.25±82.55^{ABab}	41.00±2.87^{Aa}	102.25±6.54	1 867.00±139.54^{ab}	136.75±4.67	48.25±2.07
H_1H_3（5）	1 644.60±73.83^{ABab}	32.80±2.58^{Bb}	107.00±5.85	1 985.40±124.80^{a}	142.20±4.18	52.00±1.85
H_1H_4（51）	1 566.71±23.12^{Bb}	31.28±0.81^{Bb}	107.88±1.83	1 803.20±39.08^{ab}	139.29±1.31	50.45±0.58
H_3H_4（10）	1 722.60±52.21^{Aa}	33.50±1.83^{Bb}	110.40±4.13	1 848.70±88.25^{ab}	144.60±2.95	51.20±0.31
H_4H_4（13）	1 576.85±45.79^{ABb}	33.89±1.60^{Bb}	110.15±3.63	1 671.23±77.40^{b}	144.69±2.59	49.77±1.15

注：同列比较，标准差右上角不同小写字母表示差异显著（P＜0.05）、大写字母表示差异极显著（P＜0.01），未标记的比较表示差异不显著（P＞0.05）。

二、繁殖性能精细化常规育种技术的建立及应用

在健全育种信息库并保持京海黄鸡全群平均体重稳定的前提下，根据育种目标采用约束选择指数法（即通过对性状的改进施加某种约束条件，使一些性状改进的同时，保持另一些性状不发生改变）重点对留种母鸡开产日龄（X_1）、300 日龄产蛋数（X_2）、300 日龄蛋重（X_3）进行选择。

模型选择：

$$\begin{pmatrix} b \\ \lambda \end{pmatrix} = \begin{pmatrix} P & AR \\ R'A & O \end{pmatrix}^{-1} \begin{pmatrix} AW \\ K \end{pmatrix}$$

课题组首先在新扬州鸡预演的基础上，从 6 个约束指数公式中筛选出适合京海黄鸡的最佳公式：$I=1.05X_1+2.86X_2+0.62X_3$。京海黄鸡各世代选择指数见表 77：

表77　京海黄鸡各世代选择指数*

项目	零世代	一世代	二世代	三世代	四世代	五世代	六世代
N（只）	1 669	1 428	1 179	1 005	1 449	1 246	2 029
$\bar{x}$	530.22	545.37	565.78	552.66	562.41	553.68	554.01
S	46.91	46.49	37.72	18.35	18.45	20.11	17.37

*　不适当的约束将极大地降低选择效率。本项目尝试的约束选择结果比较稳定。

三、繁殖性能选育结果

1. 京海黄鸡300日龄和66周龄产蛋性能选育结果　经选育，京海黄鸡300日龄产蛋数零世代为108个，到七世代已达115个，超过了选育目标114个的要求，蛋重稳定在49g左右；京海黄鸡66周龄产蛋数零世代为188个，到七世代已达198个，蛋重稳定在52g左右。京海黄鸡零～七世代300日龄和66周龄产蛋性能结果见表78。

表78　京海黄鸡300日龄和66周龄产蛋性能

世代	N（只）	300日龄产蛋数（个）	C.V（%）	300日龄蛋重（g）	C.V（%）	N（只）	66周龄产蛋数（个）	C.V（%）	66周龄蛋重（g）	C.V（%）
零	1 669	108.66±15.86	14.59	49.78±3.48	6.99	1 658	188.67±15.84	8.39	52.04±3.73	7.18
一	1 428	111.79±13.40	11.99	48.70±3.36	6.89	1 420	190.34±17.57	9.23	51.23±2.32	4.52
二	1 179	115.23±14.78	12.82	51.18±3.77	7.38	1 173	190.40±16.62	8.73	53.64±2.20	4.10
三	1 005	114.21±9.76	8.54	50.95±3.42	6.70	1 002	192.81±17.29	8.97	53.80±2.40	4.47
四	1 449	115.94±9.89	8.53	49.21±3.67	7.47	1 442	194.01±18.70	9.64	52.17±2.27	4.35
五	1 246	114.32±10.82	9.46	48.28±2.69	5.57	1 239	196.00±15.85	8.09	51.53±2.36	4.57
六	2 029	115.01±9.56	8.31	48.85±2.88	5.89	2 023	198.62±15.55	7.83	52.16±2.95	5.66
七	3 040	115.1±8.55	7.40	48.75±2.99	6.13	3 032	197.98±17.62	8.87	52.46±3.00	5.71

2. 京海黄鸡其他繁殖性能的选育结果　京海黄鸡选育过程中采用人工授精，种蛋受精率达91%以上，受精蛋孵化率达95%，健雏率到3世代高达99.2%，京海黄鸡17周龄见蛋，5%开产日龄130天左右。各世代繁殖性能测定结果见表79。

表79　京海黄鸡繁殖性能

项目	零世代	一世代	二世代	三世代	四世代	五世代	六世代	七世代
N（只）	1 675	1 435	1 184	1 009	1 454	1 250	2 034	3 040
开产日龄（天，5%产蛋率）	125.29±5.45	129.91±10.19	135.87±4.51	129.16±8.93	133.05±7.12	130.86±7.50	129.41±7.33	129.85±8.17
种蛋受精率（%）	91.7	92.1	92.3	92.5	91.5	91.4	91.7	91.5
受精蛋孵化率（%）	95.0	94.8	95.1	95.3	95.1	95.4	95.3	95.0
健雏率（%）	90.4	96.9	99.2	98.7	98.5	98.4	98.2	97.9

3. 京海黄鸡各周产蛋率　根据国家家禽生产性能测定站测定，由京海黄鸡各周龄产蛋

率（表 80）和各周产蛋率变化曲线（图 3）可见，京海黄鸡产蛋高峰期在 25 周龄，最高产蛋率为 83.37%，有连续 7 周产蛋率在 80%以上，产蛋性能稳定。66 周龄产蛋数 197.98 个，66 周龄时产蛋率还在 41%以上，具有产蛋后期持续性好的独特遗传特性。

表 80　京海黄鸡各周龄产蛋率

周龄	产蛋率（%）	周龄	产蛋率（%）	周龄	产蛋率（%）	周龄	产蛋率（%）
20	32.53	32	75.97	44	63.00	56	48.77
21	58.87	33	77.77	45	62.50	57	48.13
22	74.20	34	75.20	46	54.83	58	47.73
23	82.67	35	74.03	47	51.50	59	46.30
24	82.93	36	72.50	48	51.47	60	46.20
25	83.37	37	71.27	49	51.03	61	45.23
26	83.07	38	70.77	50	51.87	62	45.83
27	82.53	39	68.37	51	50.13	63	44.13
28	82.07	40	67.17	52	49.23	64	44.03
29	81.57	41	65.13	53	48.53	65	42.33
30	79.40	42	66.57	54	48.77	66	40.13
31	75.47	43	66.33	55	48.33		

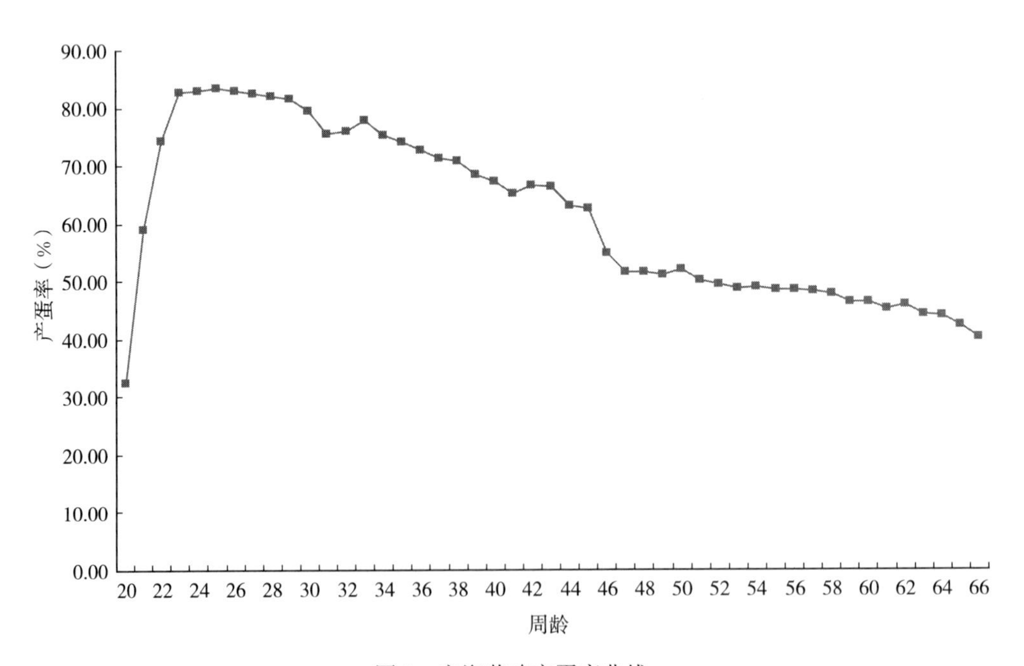

图 3　京海黄鸡产蛋率曲线

4. 京海黄鸡蛋壳颜色及蛋品质　蛋壳颜色越偏向褐色则鸡蛋的蛋壳质量就越好，就可以有效地降低鸡蛋或种蛋运输的破损率，由表 81 中数据可以看出，浅褐色和褐色蛋壳的比例占 91.8%，从另外一个角度说明了京海黄鸡的蛋品质好。

表 81　不同蛋壳颜色的比例

颜色	粉色	浅褐色	褐色	合计
数量（只）	306	3 246	183	3 735
比例（%）	8.20	86.90	4.90	100.00

由表 82 中数据可以看出，京海黄鸡的蛋壳厚度、蛋壳强度、蛋白高度、哈氏单位、蛋黄颜色、蛋壳比例，浅褐色蛋壳组和褐色蛋壳组均显著大于粉色蛋壳组（P<0.05）。

表 82　不同蛋壳颜色与蛋品质的关系

蛋壳颜色	粉色	C.V（%）	浅褐色	C.V（%）	褐色	C.V（%）
蛋重（g）	49.11±3.26	6.63	50.84±5.09	10.01	49.90±3.41	6.83
蛋形指数	1.32±0.03	2.27	1.33±0.03	2.26	1.33±0.03	2.26
比重（g/cm^3）	1.08±0.01	0.93	1.08±0.01	0.93	1.08±0.01	0.93
蛋壳强度（kg/cm^2）	4.17±1.27^{b}	30.46	4.66±0.84^{a}	18.03	4.77±1.01^{a}	21.17
蛋壳厚度（mm）	0.28±0.08^{b}	28.57	0.32±0.02^{a}	6.25	0.32±0.02^{a}	6.25
蛋白高度（mm）	4.84±1.37^{b}	28.31	5.87±0.91^{a}	15.50	6.02±1.11^{a}	18.44
哈氏单位	70.61±6.18^{b}	8.75	79.21±2.97^{a}	3.75	81.02±3.26^{a}	4.02
蛋黄颜色	7.12±0.74^{b}	10.39	7.66±0.77^{a}	10.05	7.69±0.83^{a}	10.79
蛋黄比例（%）	28.87±13.64	47.25	29.77±10.49	36.61	29.52±11.90	40.31
蛋白比例（%）	61.41±15.01	24.44	59.15±10.44	17.65	58.74±11.47	19.53
蛋壳比例（%）	9.72±2.49^{b}	29.84	11.08±1.05^{a}	9.48	11.36±1.51^{a}	13.29

注：同一行标准差右上角不同小写字母表示差异显著（P<0.05），未标记的比较差异不显著（P>0.05）。

京海黄鸡蛋壳颜色与蛋品质的关系及蛋品质指标间的相关分析结果见表 83，由表 83 可见，蛋壳强度与蛋壳厚度、比重和蛋壳比例呈极显著正相关（P<0.01）；蛋黄颜色与蛋形指数也呈显著正相关（P<0.05）；蛋壳厚度与蛋白高度、哈氏单位、比重和蛋壳比例呈极显著正相关（P<0.01），与蛋白比例呈显著负相关（P<0.05）；蛋白高度与哈氏单位呈极显著正相关（P<0.01），与蛋壳比例呈显著正相关（P<0.05）；哈氏单位与蛋黄比例、蛋白比例、蛋壳比例呈极显著相关（P<0.01）；蛋黄比例与蛋白比例呈极显著负相关（P<0.01）；与蛋壳比例呈显著正相关（P<0.05）；蛋白比例与蛋壳比例呈极显著负相关（P<0.01）；蛋壳比例与比重呈极显著正相关（P<0.01）。

表 83　三种壳色蛋品质指标的相关系数 r

蛋品质	蛋壳强度	蛋黄颜色	蛋壳厚度	蛋白高度	哈氏单位	蛋黄比例	蛋白比例	蛋壳比例	比重	蛋形指数
蛋重	0.002	0.185	0.179	0.145	0.035	−0.026	0.025	0.004	0.047	−0.58
蛋壳强度		−0.104	0.479**	0.152	0.1701	0.055	−0.105	0.341**	0.388**	0.116
蛋黄颜色			0.131	0.105	0.066	−0.240	−0.050	0.147	−0.014	−0.235*
蛋壳厚度				0.465**	0.600**	0.129	−0.216*	0.598**	0.354**	0.065
蛋白高度					0.899**	0.126	−0.155	0.227*	0.180	0.168

（续）

蛋品质	蛋壳强度	蛋黄颜色	蛋壳厚度	蛋白高度	哈氏单位	蛋黄比例	蛋白比例	蛋壳比例	比重	蛋形指数
哈氏单位						0.272**	−0.310**	0.334**	0.150	0.152
蛋黄比例							−0.988**	0.196*	0.042	0.064
蛋白比例								−0.342**	−0.084	−0.570
蛋壳比例									0.280**	−0.30
比重										0.009

注：* 相关显著，** 相关极显著。

研究还表明，京海黄鸡不同色泽的蛋壳质量差异显著，表现出壳色越深，厚度越厚，蛋壳质量越好。三种不同蛋壳颜色的蛋重、蛋形指数、比重、蛋黄比例和蛋白比例差异均不显著，表明京海黄鸡的壳色对蛋重、蛋形指数、比重、蛋黄比例、蛋白比例无显著影响。

5. 京海黄鸡鸡冠冠色、冠齿数与产蛋性能的关系

——冠色与产蛋数

观察了 1416 只 300 日龄京海黄鸡的鸡冠冠色和冠齿数，统计分析了不同鸡冠冠色与产蛋数（300～330 日龄）的关系。不同冠色产蛋数、蛋重比较结果见表 84 和表 85。冠色鲜红的个体产蛋数显著高于其他冠色类型的个体，蛋重比较虽然不显著，但趋势和产蛋数相同。

表 84 不同冠色的产蛋数

冠色等级	数量（只）	平均产蛋数（个）	C.V（%）
冠色 1（苍白）	58	4.97 ± 3.61^{a}	72.66
冠色 2（浅红）	955	16.767 ± 3.07^{b}	18.30
冠色 3（鲜红）	403	21.887 ± 1.74^{c}	7.94

注：右上角小字母 a、b、c 表明冠色等级两两之间存在显著差异。

——冠色与蛋重

表 85 不同冠色的蛋重

冠色等级	数量（只）	平均蛋重（g）	C.V（%）
冠色 1（苍白）	26	49.49±5.62	11.35
冠色 2（浅红）	933	51.33±4.02	7.84
冠色 3（鲜红）	402	51.43±3.58	6.96

——冠齿数与蛋重

经观察，京海黄鸡的冠齿数为 4 ～9 个，其中以 5 ～7 个居多，平均冠齿数为 6.12。研究表明冠齿数与蛋重无相关，其结果见表 86 和图 4。

表 86　冠齿数与蛋重

冠齿数	数量（只）	所占比例（%）	平均蛋重（g）
冠齿数 9	2	0.14	51.25
冠齿数 8	61	4.31	51.78
冠齿数 7	370	26.13	51.44
冠齿数 6	677	47.81	51.45
冠齿数 5	289	20.41	51.18
冠齿数 4	17	1.20	49.87

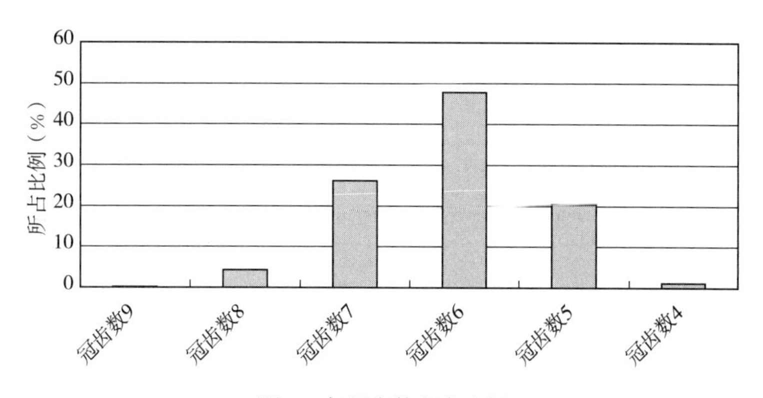

图 4　各冠齿数所占比例

第四节　京海黄鸡屠宰及肉品质性状选育

一、屠宰及肉品质性状有关的分子标记基础研究

1. IGF－Ⅰ基因与京海黄鸡屠体性状的关联分析　课题组将类胰岛素生长因子Ⅰ（IGF－Ⅰ）作为研究鸡屠体性状的候选基因，以京海黄鸡为材料，采用 PCR－SSCP 技术对京海黄鸡的 IGF－Ⅰ基因 5′非编码区和第 1 外显子进行 SNPs 检测和基因型分析，探讨 IGF－Ⅰ基因的多态性与鸡屠体性状间的关系。在 IGF－Ⅰ基因 5′非编码区上发现 1 个突变（G322A），统计结果显示活重、腿肌重、半净膛重和全净膛重在该突变形成的不同基因型之间均存在显著差异（$P<0.05$），AA 基因型显著高于 AB 基因型个体。结果显示该基因可能是与京海黄鸡屠体性状有关的候选功能基因。G322A 突变形成的不同基因型对京海黄鸡公鸡屠体性状的影响见表 87、对母鸡屠体性状的影响见表 88。

表 87　G322A 突变不同基因型对京海黄鸡公鸡屠体性状的影响

性　状	基　因　型	
	AA（41）	AB（9）
活重（g）	1 655.12±182.86[a]	1 459.00±147.06[b]
心重（g）	7.52±1.35	6.65±0.91
肝重（g）	33.04±2.74	30.29±2.38

（续）

性　状	基　因　型	
	AA（41）	AB（9）
腺胃重（g）	5.61±0.98	5.42±0.88
肌胃重（g）	33.43±4.99	32.20±5.30
胸肌重（g）	170.86±28.26^{a}	147.56±27.09^{b}
腿肌重（g）	213.96±35.76^{a}	181.09±31.81^{b}
半净膛重（g）	1 243.30±143.72^{a}	1 123.80±113.37^{b}
全净膛重（g）	1 135.31±136.59^{a}	1 028.31±103.95^{b}
胸肌率（%）	15.04±1.48	14.30±1.55
腿肌率（%）	18.84±2.17	17.55±1.84
半净膛率（%）	76.36±5.55	77.97±3.67
全净膛率/%	68.49±5.00	69.73±3.16

注：同一行标准差右上角不同小写字母表示差异显著（P<0.05），未标记的比较差异不显著（P>0.05）。

表 88　G322A 突变不同基因型对母鸡屠体性状的影响

性　状	基　因　型	
	AA（42）	AB（7）
活重（g）	1093.17±96.8^{a}	952.61±113.67^{b}
心重（g）	4.88±0.78	4.26±0.61
肝重（g）	28.26±6.60	23.33±5.68
腺胃重（g）	4.81±0.86	4.57±1.38
肌胃重（g）	24.12±4.34	24.10±3.99
胸肌重（g）	118.23±18.36	103.98±18.08
腿肌重（g）	144.33±18.52^{a}	124.98±14.06^{b}
半净膛重（g）	838.81±89.77^{a}	720.43±77.76^{b}
全净膛重（g）	752.60±77.64^{a}	647.29±82.04^{b}
胸肌率（%）	15.70±1.78	16.15±2.56
腿肌率（%）	19.17±1.36	19.51±3.04
半净膛率（%）	76.79±5.33	75.85±5.13
全净膛率（%）	68.92±4.73	68.03±4.85

注：同一行标准差右上角不同小写字母表示差异显著（P<0.05），未标记的比较差异不显著（P>0.05）。

2. IGFⅡ基因多态性及其与京海黄鸡屠宰和肉质性状的关系　课题组（2010）以京海黄鸡 J^+、J^- 品系为试验材料，根据 GeneBank 已发表的 IGFⅡ基因的序列（登录号：NC_006092），采用 Primer 5.0 对该基因外显子设计 2 对引物，P1 引物序列为 F：5′-TGTGCTGCCAGGCAGATAC-3′；R：5′-CCCCAACCCAGCTCTATCT-3′；P2 引物序列为 F：5′-AGACCAGTGG2GACGAAATAA-3′，R：5′-TGCAGCCCTACCTTGTTGAC-3′。采用 PCR-SSCP 技术检测到 IGFⅡ基因外显子区域存在 3 个 SNPs 位点，P1 引物发生 G64A、C173A 的单碱基突变，形成 3 种基因型 AA、AB 和 BB；P2 引物发生 G7641A 的单

碱基突变，也形成 3 种基因型 CC、CD 和 DD；P1 和 P2 引物不同基因型对京海黄鸡屠宰及肉质性状的遗传效应分析结果见表 89 和表 90。由表 89 和表 90 最小二乘方差分析结果可见，P1 位点 J^- 品系中 AA 型个体胸肌重、胸肌率显著大于 AB 型个体（$P<0.05$），AA 型腹脂重、腿肌 pH 值显著小于 BB 型个体（$P<0.05$）；P2 位点 J^+ 品系中 CC、DD 型个体半净膛重、全净膛重、全净膛率显著高于 CD 型个体（$P<0.05$）。推测 IGFⅡ基因可能是影响鸡屠宰和肉质性状的候选基因，可进一步应用于分子标记辅助育种研究。

表 89　J^-、J^+ 品系母鸡 P1 引物位点不同基因型与屠宰及肉品质性能的关系

性状	J^- 品系			J^+ 品系		
	AA（17）	AB（10）	BB（3）	AA（19）	AB（9）	BB（2）
活重（g）	1 579.06±95.43	1 537.44±70.13	1 579.33±42.25	943.79±52.53	937.22±57.77	953.00±83.44
半净膛重（g）	1 137.29±131.47	1 143.90±34.61	1 146.67±43.71	689.75±36.21	681.25±52.19	687.39±59.38
全净膛重（g）	882.37±116.46	874.89±23.53	865.00±47.47	542.11±28.99	530.07±46.08	541.00±42.43
半净膛率（%）	71.96±6.41	74.46±1.89	72.59±0.83	78.46±2.88	78.55±2.26	79.31±2.02
全净膛率（%）	55.84±6.19	56.99±2.66	54.74±1.62	57.22±2.30	56.49±2.10	56.79±0.52
胸肌重（g）	60.56±10.41^{a}	49.54±9.26^{b}	61.24±2.17^{ab}	34.45±6.05	35.24±4.10	36.43±1.10
腿肌重（g）	91.93±23.22	102.62±4.29	103.26±8.96	58.09±9.23	59.28±6.16	56.22±3.77
胸肌率（%）	13.93±2.96^{ab}	11.34±2.17^{b}	14.17±0.48^{a}	12.75±2.11	13.32±1.24	13.49±0.65
腿肌率（%）	21.13±5.56	23.48±1.39	23.86±1.02	21.52±3.14	22.42±1.95	20.79±0.24
腹脂重（g）	31.01±16.00^{b}	47.47±18.30^{a}	57.87±14.24^{a}	9.75±7.54	11.58±6.43	11.45±3.46
腿肌 pH 值	5.91±0.14^{b}	5.90±0.25^{b}	6.20±0.23^{a}	5.94±0.14^{a}	5.78±0.25^{b}	5.83±0.09^{ab}
胸肌 pH 值	5.61±0.09	5.60±0.05	5.59±0.10	5.56±0.07	5.56±0.07	5.64±0.04
腿肌失水率（%）	0.37±0.06	0.38±0.06	0.35±0.03	0.35±0.05	0.37±0.10	0.39±0.01
胸肌失水率（%）	0.43±0.05^{ab}	0.46±0.04^{a}	0.39±0.07^{b}	0.43±0.04	0.39±0.07	0.38±0.10
腿肌剪切力（kg/cm^2）	3.75±1.42	2.96±0.81	3.99±1.53	3.43±1.27	3.78±1.13	2.61±1.20
胸肌剪切力（kg/cm^2）	1.91±0.35	1.78±0.53	2.01±0.52	1.69±0.36	1.67±0.42	1.60±0.21

注：同一行标准差右上角不同小写字母表示差异显著（$P<0.05$），未标记的比较差异不显著（$P>0.05$）。

表 90　J⁻、J⁺ 品系母鸡 P2 引物位点不同基因型与屠宰及肉品质性能的关系

性状	J⁻品系			J⁺品系		
	CC（18）	CD（9）	DD（3）	CC（20）	CD（5）	DD（5）
活重（g）	1 562.52±89.79	1 539.40±66.30	636.33±31.09	938.60±53.27[ab]	915.80±44.86[b]	984.40±48.03[a]
半净膛重（g）	1 215.03±119.47	1 220.05±38.53	257.46±33.30	691.27±41.68[a]	646.99±20.33[b]	710.50±31.63[a]
全净膛重（g）	878.73±104.67	873.80±38.79	882.37±28.00	540.03±34.03[a]	503.20±18.49[b]	566.78±19.20[a]
半净膛率（%）	77.73±5.76	79.33±3.04	76.84±0.64	79.13±2.42	77.06±3.60	77.82±1.58
全净膛率（%）	56.21±5.57	56.84±3.51	53.92±0.74	57.30±1.97[a]	55.02±2.70[b]	57.62±1.35[a]
胸肌重（g）	57.42±11.84	59.65±2.47	51.66±11.12	34.61±5.90	32.80±2.63	37.68±3.66
腿肌重（g）	93.65±21.19	104.20±5.90	102.89±7.54	59.03±8.60	56.31±4.30	57.48±9.44
胸肌率（%）	13.22±3.13	13.67±0.64	11.77±2.88	12.88±2.10	13.05±1.18	13.29±1.14
腿肌率（%）	21.56±5.06	23.86±1.15	23.37±2.39	21.98±2.88	22.36±1.12	20.26±3.04
腹脂重（g）	47.84±4.11	45.34±1.98	46.27±5.92	11.22±6.49	10.26±2.57	7.36±11.20
腿肌 pH 值	5.95±0.19	5.95±0.28	5.78±0.14	5.88±0.22	5.90±0.14	5.85±0.07
胸肌 pH 值	5.60±0.09	5.59±0.08	5.61±0.03	5.56±0.07	5.59±0.07	5.57±0.08
腿肌失水率（%）	0.36±0.06	0.40±0.06	0.35±0.04	0.36±0.08	0.34±0.05	0.37±0.02
胸肌失水率（%）	0.43±0.04	0.43±0.09	0.46±0.01	0.42±0.06	0.39±0.05	0.42±0.06
腿肌剪切力（kg/cm^2）	3.49±1.39	3.49±0.72	3.92±1.66	3.73±1.16[a]	3.62±1.47[ab]	2.36±0.52[b]
胸肌剪切力（kg/cm^2）	1.93±0.39	1.76±0.51	1.71±0.51	1.63±0.38	1.75±0.45	1.80±0.17

注：同一行标准差右上角不同小写字母表示差异显著（P<0.05），未标记的比较差异不显著（P>0.05）。

3. MC4R基因多态性及表达量与鸡屠宰性状的相关分析 课题组（2010）根据鸡MC4R mRNA和看家基因β-actin mRNA序列，分别设计1对引物，以半定量RT-PCR法研究不同群体鸡肾上腺中MC4R基因mRNA表达水平，并分析其与屠宰性状间的关系。结果表明，京海黄鸡公鸡MC4R基因在肾上腺中的表达水平显著高于尤溪麻鸡公鸡（P<0.05）；京海黄鸡公鸡的胴体重、胸肌重、腿肌重与MC4R基因在肾上腺中表达水平存在极显著相关（P<0.01）；尤溪麻鸡公鸡的胴体重与MC4R基因在肾上腺中表达水平存在极显著相关（P<0.01），胸肌重、腿肌重与MC4R基因在肾上腺中表达水平存在显著相关（P<0.05）。MC4R基因在肾上腺中表达水平与屠宰性状的相关分析见表91。

表91 MC4R基因表达水平与屠宰性状的相关分析

屠宰性状（g）	京海黄鸡		尤溪麻鸡	
	公鸡（♂）	母鸡（♀）	公鸡（♂）	母鸡（♀）
胴体重	0.988**	0.340	0.915**	0.162
心脏重	−0.046	−0.078	−0.169	−0.236
肝脏重	0.205	0.258	0.221	0.220
肌胃重	−0.061	0.027	−0.103	0.210
腺胃重	0.442	0.425	0.144	0.297
胸肌重	0.710**	0.180	0.943*	0.274
腿肌重	0.757**	−0.078	0.518*	−0.328

注：* 表示相关显著（P<0.05）；** 表示相关极显著（P<0.01）。

课题组（2010）以京海黄鸡为研究对象，根据GenBank发表的鸡MC4R基因序列（AB012211），设计两对引物，分别为M和N，采用PCR-SSCP和克隆测序技术分析了鸡MC4R基因的多态性。结果表明：M引物检测到MC4R基因第662位发生G→C突变，形成3种基因型，分别为AA、AB和BB型，N引物检测到第733～734位间插入1个C碱基，形成3种基因型，分别为CC、CD和DD型；χ^2检验结果表明，发现的多态位点均处于Hardy-Weinberg不平衡状态；GLM分析结果显示，AB型个体腿肌重极显著高于BB型（P<0.01），DD型个体胴体重和半净膛重显著高于CD型（P<0.05），组合基因型研究结果表明，AA/DD组合型个体具有高于其他组合基因型的趋势。因此推测，MC4R基因可以作为影响和控制鸡屠体性状的候选基因。MC4R基因型与京海黄鸡屠体性状的差异性分析见表92，组合基因型与屠体性状差异分析见表93。

表92 MC4R基因型与京海黄鸡屠体性状的差异性分析

引物	基因型	N（只）	胴体重（g）	半净膛重（g）	胸肌重（g）	腿肌重（g）
M	AA	128	1 232.46±216.54^{ab}	1 133.95±206.21^{ab}	150.95±28.27^{b}	212.05±51.41^{aB}
	AB	4	1 494.00±12.73^{a}	1 389.50±47.38^{a}	177.52±1.81^{a}	298.40±2.83^{aA}
	BB	8	1 145.71±140.52^{b}	1 058.57±128.73^{b}	144.53±23.16^{b}	193.98±29.91^{bB}

（续）

引物	基因型	N（只）	胴体重（g）	半净膛重（g）	胸肌重（g）	腿肌重（g）
N	CC	100	1 213.00±207.69[ab]	1 214.52±193.17[ab]	151.69±27.37	225.10±53.25
	CD	3	1 187.20±203.72[b]	1 091.32±194.66[b]	149.64±27.51	206.36±50.12
	DD	37	1 395.00±217.77[a]	1 275.00±227.54[a]	174.20±39.42	230.53±42.47

注：同一列标准差右上角不同小写字母表示差异显著（P＜0.05）、大写字母表示差异极显著（P＜0.01），未标记的比较差异不显著（P＞0.05）。

表 93　组合基因型与屠体性状关系

组合基因型		N（只）	胴体重（g）	半净膛重（g）	胸肌重（g）	腿肌重（g）
M	N					
AA	CC	3	1 296.73±186.68	1 120.80±193.36	151.25±27.74	221.12±52.79
AA	CC	26	1 218.52±200.34	1 195.04±173.61	149.43±27.65	207.28±51.22
AA	DD	61	1 395.00±217.77	1 275.00±227.54	174.20±39.42	230.53±42.47
BB	CD	7	1 163.29±177.52	1 079.00±173.35	145.77±24.72	185.49±19.26
BB	CC	5	1 202.37±183.65	1 118.51±191.27	151.73±25.38	214.53±49.73
AB	DD	3	1 187.54±173.17	1 201.73±189.72	161.64±28.65	198.77±47.26

4. 脂联素（Adipo）**基因与京海黄鸡屠宰性能的相关性研究**　脂联素（adiponectin）是一种由脂肪组织分泌的具有生物活性的一类蛋白质激素，广泛存在于血液中，脂联素在调节糖、脂代谢中发挥重要作用，具有抗炎、抗动脉粥样硬化的功能。

课题组（2009）以京海黄鸡为研究对象，探讨脂联素基因第1内含子突变位点对京海黄鸡活重、半净膛率、腹脂重、腹脂率、胸肌重和腿肌重的遗传效应。结果发现该基因的1251bp处发生了C→T突变，形成AA、AB和BB3种基因型。3种基因型间半净膛率、胸肌重和腿肌重差异不显著（P＞0.05），但对公鸡的活重有显著效应（P＜0.05），BB基因型个体的16周龄活重达1 755.14g。就腹脂重而言，公鸡AA和AB型与BB型间差异极显著（P＜0.01），但母鸡间差异不显著（P＞0.05）。公、母鸡AA和AB型腹脂重均值较接近，差异不显著（P＞0.05）。AA、AB和BB型腹脂重的变化趋势由低到高依次为AA、AB、BB型。公、母鸡的BB型个体腹脂率最高，分别为2.20%和2.95%，极显著高于AA和AB型个体，而AA和AB型个体均值却较接近。公、母鸡Adipo基因型对屠宰性状的影响分别见表94、95。

表 94　公鸡 Adipo 基因型对屠宰性状的影响

屠宰性状	基因型			加性效应	显性效应
	AA（27）	AB（16）	BB（7）		
活重（g）	1574.15±163.31[a]	1637.69±201.79[ab]	1755.14±223.85[b]	90.50	−26.96
半净膛重（g）	85.94±3.3	85.81±3.22	86.09±1.96	0.07	−0.20
腹脂重（g）	13.23±7.63[A]	13.74±6.59[A]	27.22±15.26[B]	6.99	−6.49

（续）

屠宰性状	基因型			加性效应	显性效应
	AA（27）	AB（16）	BB（7）		
腹脂率（%）	1.23±0.73^A	1.21±0.57^A	2.20±1.18^B	0.49	−0.50
胸肌重（g）	163.88±24.31	164.34±28.53	182.76±33.75	9.44	−8.98
腿肌重（g）	198.94±31.52	214.23±40.55	224.39±43.24	12.73	2.56

注：同一行平均数右上角不同小写字母表示差异显著（P<0.05）、大写字母表示差异极显著（P<0.01），未标记的比较差异不显著（P>0.05）。

表 95　母鸡 Adipo 基因型对屠宰性状的影响

屠宰性状	基因型			加性效应	显性效应
	AA（27）	AB（16）	BB（7）		
活重（g）	1 068.23±115.79	1 093.89±107.98	1 022.33±88.80	−22.95	48.61
半净膛重（g）	85.62±2.12	85.13±3.03	85.24±2.04	0.19	−0.30
腹脂重（g）	13.29±11.34	13.40±8.57	21.65±7.45	4.18	−4.07
腹脂率（%）	1.67±1.19^A	1.76±1.10^A	2.95±0.78^B	0.64	−0.55
胸肌重（g）	116.53±19.38	116.40±17.02	114.25±25.34	−1.14	1.01
腿肌重（g）	141.32±18.71	144.73±19.36	131.96±19.61	−4.68	8.08

注：同一行平均数右上角不同大写字母表示差异极显著（P<0.01），未标记的比较差异不显著（P>0.05）。

5. 骨调素（OPN）基因与京海黄鸡屠宰性能的相关性研究　课题组（2009）设计 1 对引物对骨调素（OPN）基因第 7 外显子进行 PCR 扩增，SSCP 检测到该基因外显子 7 有 2 个单核苷酸突变，与 GenBank 上 OPN 基因（U01844）序列比对，结果发现 3887 bp 处 A 突变成 G，3918bp 处也是 A 突变成 G，形成 3 种基因型，分别为 AA、AB 和 BB 型，3 种基因型与屠宰性状的方差分析表明，基因型与性别间的交互作用不显著（P>0.05）。表 96、97 是 OPN 基因第 7 外显子突变位点形成的基因型对京海黄鸡屠宰性能影响的分析结果，由表 96 和表 97 可见，不同基因型对不同性别京海黄鸡的屠宰性能影响差异均不显著（P>0.05）。但 AA 型个体的胸肌重和腿肌重均低于 BB 型和 AB 型。值得注意的是 AA 型个体的腹脂重均低于 BB 和 AB 型，但其腹脂率均高于 BB 型和 AB 型个体（P>0.05）。

表 96　OPN 基因型对京海黄鸡母鸡屠宰性状的影响

基因型	数量（只）	活重（g）	半净膛率（%）	腹脂重（g）	腹脂率（%）	胸肌重（g）	腿肌重（g）
AA	3	1.18±0.09	69.67±11.02	12.01±10.50	2.32±1.34	102.91±16.61	134.50±13.49
AB	16	1.06±0.13	76.31±3.53	14.91±12.19	2.30±1.38	120.89±20.9	147.79±17.43
BB	29	1.06±0.10	75.59±4.87	14.35±9.24	1.57±0.98	115.54±17.67	140.18±19.17

表 97　OPN 基因型对京海黄鸡公鸡屠宰性状的影响

基因型	数量（只）	活重（g）	半净膛率（%）	腹脂重（g）	腹脂率（%）	胸肌重（g）	腿肌重（g）
AA	3	1.55±0.10	85.75±2.90	12.84±7.98	1.56±1.59	143.61±12.53	193.02±17.20
AB	17	1.66±0.26	86.08±2.91	15.46±12.05	1.07±0.59	171.58±37.31	213.50±46.24
BB	28	1.61±0.16	85.86±3.38	15.32±8.69	1.45±0.90	167.41±19.90	207.11±32.71

6. 苹果酸脱氢酶（MDH）**基因与京海黄鸡屠宰性能的相关性研究**　课题组（2009）以京海黄鸡为试验材料，采用 PCR－RFLP 方法研究苹果酸脱氢酶（MDH）基因单核苷酸多态性（SNPs）对京海黄鸡屠宰性状的遗传效应，所用内切酶为 SphⅠ。结果表明，MDH 基因扩增产物经酶切后形成 3 种基因型，这 3 种基因型对京海黄鸡屠宰性能影响分析结果表明，AA 型母鸡个体和 BB 型个体的腹脂重差异显著（$P<0.05$）；BB 型个体的腿肌重显著低于 AA 型和 AB 型的个体（$P<0.05$）。AB 型公鸡和 BB 型个体的腹脂重显著高于 AA 型个体（$P<0.05$）；AA 型和 AB 型个体的胸肌重显著高于 BB 型个体（$P<0.05$）。说明 MDH 基因可能是影响鸡屠宰性状的主效基因或与之存在紧密遗传连锁的一个标记。MDH 基因型对京海黄鸡母鸡屠宰性状的影响见表 98，MDH 基因型对京海黄鸡公鸡屠宰性状的影响见表 99。

表 98　MDH 基因型对京海黄鸡母鸡屠宰性状的影响

基因型	数量（只）	活重（g）	半净膛率（%）	腹脂重（g）	腹脂率（%）	胸肌重（g）	腿肌重（g）
AA	23	$1.11±0.08^{a}$	74.65±3.89	$16.07±10.68^{a}$	2.05±1.20	$115.52±16.84^{ab}$	$143.69±18.85^{a}$
AB	22	$1.03±0.12^{b}$	76.59±6.18	$13.41±9.84^{ab}$	1.78±1.14	$120.55±19.19^{a}$	$142.88±18.03^{a}$
BB	4	$1.09±0.11^{ab}$	74.00±2.71	$9.77±7.05^{b}$	1.22±1.11	$96.13±18.20^{b}$	$122.11±19.97^{b}$

注：同一列平均数右上角不同小写字母表示差异显著（$P<0.05$），未标记的比较差异不显著（$P>0.05$）。

表 99　MDH 基因型对京海黄鸡公鸡屠宰性状的影响

基因型	数量（只）	活重（g）	半净膛率（%）	腹脂重（g）	腹脂率（%）	胸肌重（g）	腿肌重（g）
AA	20	1.62±0.21	86.28±2.05	$11.33±5.37^{b}$	1.24±0.66	$170.17±32.27^{a}$	203.89±42.74
AB	23	1.65±0.17	85.72±3.67	$17.66±10.97^{a}$	1.46±1.01	$166.91±23.68^{a}$	211.04±26.98
BB	5	1.54±0.24	85.48±4.46	$19.54±13.99^{a}$	1.04±0.85	$158.6±25.54^{b}$	215.17±57.81

注：同一列平均数右上角不同小写字母表示差异显著（$P<0.05$），未标记的比较差异不显著（$P>0.05$）。

7. 生长激素（GH）**基因与京海黄鸡屠宰性能的相关性研究**　脑垂体分泌的生长激素（GH）与细胞膜表面的生长激素受体（GHR）结合，启动细胞内的信号转导机制，促进胰岛素样生长因子（IGFs）的表达，IGFs 再通过血液循环到达机体的局部组织，促进组织细胞的生长和分化。GH 在促进动物的生长，促进蛋白质的合成以及影响脂肪和糖类代谢等方面都起着至关重要的调节作用。鸡 GH 基因由 5 个外显子和 4 个内含子构成，所有的内含子和外显子交界处均符合 GT－AG 规则。

课题组（2009）将生长激素（GH）基因作为影响鸡屠宰性能的候选基因，以京海黄鸡为材料，采用 PCR－SSCP 技术对京海黄鸡 GH 基因的 5 个外显子进行 SNPs 检测和基因型分析，探讨GH基因的多态性与鸡屠体性状之间的关系。在GH基因外显子4上发现了突变位点，表现为3种基因型，分别为AA、AB和BB基因型。统计结果显示，公鸡的活重、脾重、肝重、头重、脚重、腺胃重、肌胃重、腿肌重和半净膛重在不同基因型间呈现差异显著（$P<0.05$），AA基因型最高。母鸡的脾重、肝重、脚重在不同基因型间差异显著（$P<0.05$），其余性状在各基因型间差异均不显著（$P>0.05$）。这表明该突变位点与京海黄鸡屠体性状的关系密切。引物P4不同基因型对公鸡屠体性状的影响见表100，引物P4不同基因型对母鸡屠体性状的影响的分析结果见表101。

表100 引物P4不同基因型对公鸡屠体性状的影响

性状	基因型		
	AA（9）	AB（29）	BB（12）
活重（g）	1 743.44±181.62^{a}	1 579.86±184.86^{b}	1 623.67±188.22^{ab}
心重（g）	7.97±1.35	7.26±1.37	7.14±1.11
脾重（g）	3.43±1.12^{a}	2.60±0.65^{b}	2.84±0.95^{ab}
肝重（g）	35.58±4.57^{A}	31.25±4.69^{B}	33.37±2.64^{AB}
头重（g）	59.95±7.32^{a}	56.37±8.14^{ab}	53.63±6.40^{b}
脚重（g）	57.90±6.82^{A}	50.16±5.63^{B}	50.25±5.72^{B}
腺胃重（g）	6.64±1.04^{A}	5.20±0.70^{B}	5.94±1.18^{A}
肌胃重（g）	37.20±5.13^{A}	32.43±4.64^{B}	32.12±4.72^{B}
胸肌重（g）	178.04±36.02	161.16±21.62	171.46±31.22
腿肌重（g）	231.54±35.09^{a}	199.68±34.87^{b}	207.93±37.57^{ab}
半净膛重（g）	1 316.09±142.22^{a}	1 192.70±139.41^{b}	1 221.37±142.66^{ab}
全净膛重（g）	1 200.87±132.95	1 091.05±133.10	1 112.87±133.73
胸肌率（%）	14.83±1.32	14.75±0.97	15.371.19
腿肌率（%）	19.45±1.38	18.24±1.76	18.61±1.52
半净膛率（%）	75.48±2.21	75.49±3.36	75.23±3.31
全净膛率（%）	68.84±2.49	69.09±3.46	68.52±3.15

注：同一行标准差右上角不同小写字母表示差异显著（$P<0.05$），不同大写字母表示差异极显著（$P<0.01$），未标记的比较差异不显著（$P>0.05$）。

表101 引物P4不同基因型对母鸡屠宰性状的影响

屠宰性状	基因型		
	AA（13）	AB（26）	BB（10）
活重（g）	1 050.16±133.28	1 085.13±116.06	1 091.58±61.24
心重（g）	4.59±0.83	5.02±0.69	4.46±0.86
脾重（g）	1.91±0.79^{B}	2.00±0.58^{B}	3.01±2.09^{A}
肝重（g）	24.07±6.64^{b}	28.43±6.38^{ab}	29.83±6.49^{a}
头重（g）	34.92±4.65	35.91±3.65	35.21±3.98

（续）

屠宰性状	基因型		
	AA（13）	AB（26）	BB（10）
脚重（g）	33.98±5.55[a]	33.39±4.73[ab]	30.16±3.15[b]
腺胃重（g）	4.46±0.84	4.83±1.04	5.04±0.72
肌胃重（g）	24.62±5.19	24.16±4.45	23.38±2.04
胸肌重（g）	118.58±19.82	118.52±20.68	119.67±17.33
腿肌重（g）	141.09±23.71	142.22±19.29	140.48±12.56
半净膛重（g）	822.09±147.33	860.60±103.03	857.97±81.43
全净膛重（g）	744.78±133.70	774.07±92.16	770.44±76.61
胸肌率（%）	15.86±1.89	15.24±1.81	15.45±1.59
腿肌率（%）	18.95±1.78	18.34±1.76	18.18±1.18
半净膛率（%）	78.28±4.74	79.26±5.06	78.00±3.73
全净膛率（%）	70.85±5.53	71.34±5.79	70.58±4.02

注：同一行标准差右上角不同小写字母表示差异显著（P＜0.05）、大写字母表示差异极显著（P＜0.01），未标记的比较差异不显著（P＞0.05）。

二、屠宰性能和肉品质选育结果

动物的屠宰性能和肉品质在实际育种过程中很难进行活体测定，只能通过间接选择的方法进行选育，在京海黄鸡的培育过程中，通过对鸡屠宰和肉品质相关的候选基因分子标记遗传基础研究，筛选到多个遗传效应相对较大的分子遗传标记，通过标记辅助选择，在一定程度上提高了京海黄鸡的屠宰性能和肉品质。

1. 四世代和六世代京海黄鸡屠宰性能测定结果 在京海黄鸡培育的四世代和六世代分别随机抽取100日龄、112日龄京海黄鸡40和60只（公母各半）进行屠宰性能测定试验，并同时测定了部分部位的肌肉常规肉品质及肌肉化学成分。四世代和六世代京海黄鸡屠宰性能测定结果见表102和表103。

表102 四世代100日龄京海黄鸡屠宰性能

屠宰性能	公（♂）		母（♀）	
	$\bar{x}\pm s$	C.V（%）	$\bar{x}\pm s$	C.V（%）
活 重（g）	1 184.20±118.09	9.97	892.80±88.56	9.92
屠体重（g）	1 067.96±106.18	9.94	802.18±80.17	9.99
全净膛率（%）	65.71±2.31	3.52	64.14±2.00	3.12
半净膛率（%）	80.83±2.12	2.62	79.57±2.00	2.51
腹脂率（%）	0.96±0.55	57.29	1.61±1.00	62.11
胸肌重（g）	113.60±16.99	14.96	85.60±18.97	22.16
胸肌率（%）	9.60±1.09	11.35	9.52±1.00	10.50

（续）

屠宰性能	公（♂）		母（♀）	
	$\bar{x}\pm s$	C.V（%）	$\bar{x}\pm s$	C.V（%）
腿肌重（g）	170.00±23.03	13.55	122.40±13.09	10.69
腿肌率（%）	14.35±1.21	8.43	13.80±1.00	7.25
骨重（g）	150.39±27.63	18.37	121.46±10.20	8.40
肉重（g）	628.22±66.25	10.55	451.10±74.98	16.62
肉骨比	4.25±0.49	11.53	3.71±0.51	13.75

表 103　六世代 112 日龄京海黄鸡屠宰性能

性别	N（只）	活重（g）	屠宰率（%）	半净膛率（%）	全净膛率（%）	胸肌率（%）	腿肌率（%）	腹脂率（%）	肉骨比
母（♀）	30	1 072.78±105.54	90.40±1.95	82.02±2.73	66.78±2.50	14.25±1.68	19.07±2.04	1.81±0.89	4.35±0.59
公（♂）	30	1 493.20±142.07	92.27±1.46	83.06±2.13	67.49±2.02	15.48±1.99	19.88±2.16	1.13±0.58	4.86±0.55
♀+♂	60	1 276.21±206.90	91.3±1.96	82.53±2.15	67.13±2.29	14.89±2.05	19.46±2.12	1.41±0.69	4.62±0.57

2. 四世代和六世代京海黄鸡肉品质测定结果　在四世代和六世代分别随机抽取 40、60 只 100、112 日龄京海黄鸡（公母各半）屠宰，测定肉品质，测定结果见表 104、105 和 106。

表 104　四世代 100 日龄京海黄鸡常规肉品质测定结果

项　目	全　群		公（♂）		母（♀）	
	$\bar{x}\pm s$	C.V（%）	$\bar{x}\pm s$	C.V（%）	$\bar{x}\pm s$	C.V（%）
胸肌肉色（OD 值）	0.42±0.14	33.33	0.41±0.151	36.83	0.43±0.11	25.58
腿肌肉色（OD 值）	1.36±0.40	29.41	1.32±0.45	34.09	1.60±0.24	15.00
胸 肌 pH	5.79±0.13	2.25	5.53±1.21	21.88	5.74±0.15	2.61
腿 肌 pH	5.99±0.03	0.50	5.72±1.26	22.03	5.97±0.07	1.17
胸肌失水率（%）	30.56±5.68	18.59	29.53±7.76	26.28	33.58±4.73	14.09
腿肌失水率（%）	23.54±4.88	20.73	22.68±6.17	27.20	23.66±4.46	18.85
胸肌剪切力（N）	21.41±8.69	40.59	20.77±8.69	41.84	19.92±8.78	44.53
腿肌剪切力（N）	39.51±10.53	26.65	37.97±11.85	31.21	35.35±9.87	27.92
胸 肌 IMP（mg/g）	4.11±1.54	37.47	3.92±1.63	41.58	3.36±0.74	22.02
腿 肌 IMP（mg/g）	2.63±0.81	30.80	2.55±0.87	34.12	2.63±0.72	27.38
胸肌水分（%）	72.36±1.12	1.55	69.14±15.30	22.13	73.11±0.80	1.09
腿肌水分（%）	74.32±3.11	4.18	71.12±15.23	21.41	74.02±4.25	5.74

（续）

项目	全群		公（♂）		母（♀）	
	$\bar{x}\pm s$	C.V（%）	$\bar{x}\pm s$	C.V（%）	$\bar{x}\pm s$	C.V（%）
胸肌粗灰分（%）	1.75±0.53	30.29	1.69±0.55	32.54	1.75±0.61	34.86
腿肌粗灰分（%）	1.34±0.26	19.40	1.29±0.32	24.81	1.38±0.35	25.36
胸肌粗蛋白（%）	23.32±0.77	3.30	22.28±4.86	21.81	22.98±0.76	3.31
腿肌粗蛋白（%）	20.45±0.65	3.18	19.63±4.25	21.65	20.66±0.85	4.11
胸肌粗脂肪（%）	1.08±0.40	37.04	1.05±0.42	40.00	1.09±0.25	22.94
腿肌粗脂肪（%）	4.56±1.68	36.84	4.46±1.73	38.79	5.25±1.61	30.67

表105 六世代112日龄京海黄鸡常规肉品质测定结果

性别	N（只）	pH		肉色（OD值）		嫩度（剪切力，kg）		失水率（%）	
		胸肌	腿肌	胸肌	腿肌	胸肌	腿肌	胸肌	腿肌
母（♀）	30	5.90±0.12	6.35±0.15	0.32±0.09	0.87±0.34	2.65±0.57	4.35±1.19	33.43±4.32	24.91±4.59
公（♂）	30	5.94±0.10	6.40±0.15	0.38±0.17	0.99±0.37	3.07±1.03	4.71±1.35	32.25±3.96	27.08±4.54
♀+♂	60	5.92±0.11	6.37±0.15	0.35±0.14	0.93±0.36	2.89±0.72	4.46±1.21	32.86±4.16	25.96±4.66

表106 六世代112日龄京海黄鸡肌肉化学指标测定结果

性别	N（只）	水分（mg/g）		粗蛋白质（mg/g）		粗脂肪（mg/g）		粗灰分（mg/g）		硫胺素（mg/kg）		肌苷酸（mg/g）	
		胸肌	腿肌	胸肌	腿肌	胸肌	腿肌	胸肌	腿肌	胸肌	腿肌	胸肌	腿肌
母（♀）	30	731.10±11.20	740.21±42.50	229.81±7.60	206.62±8.50	10.91±2.50	42.53±6.10	17.54±6.13	13.83±3.51	0.27±0.06	0.51±0.07	4.15±0.76	2.63±0.72
公（♂）	30	716.12±8.0	746.34±14.90	236.72±6.54	203.75±5.12	10.86±5.30	38.83±5.32	17.41±4.60	10.36±1.34	0.29±0.05	0.54±0.09	4.36±0.89	2.84±0.93
♀+♂	60	723.61±11.23	743.24±31.15	233.23±7.74	204.52±6.51	10.80±4.01	45.62±5.82	17.50±5.31	12.42±2.65	0.28±0.05	0.53±0.08	4.25±0.85	2.73±0.81

3. 七世代京海黄鸡（肉用）特定试验屠宰性能测定结果 选取1日龄京海黄鸡雏鸡209只，其中公鸡108只，母鸡101只。试验雏鸡厚垫料平养，自由采食、饮水。按京海黄鸡（肉用）常规方法饲养管理。供试鸡饲喂全价饲料，其营养水平为：① 0～6周龄：代谢能11.65MJ/kg，蛋白质含量20.5%，钙含量0.9%，有效磷含量0.47%；②6～17周龄：代谢能12.45MJ/kg，蛋白质含量17.0%，钙含量0.8%，有效磷含量0.45%。京海黄鸡（肉用）特定试验不同日龄体重和成活率及屠宰性能结果见表107、108，其饲料转化比为3.14 ∶ 1。

表 107　京海黄鸡（肉用）特定试验不同日龄体重和成活率

日龄	公（♂）			母（♀）		
	N（只）	$\bar{x}\pm s$(g)	C.V（%）	N（只）	$\bar{x}\pm s$(g)	C.V（%）
1	108	30.74±2.24	7.27	101	30.22±2.28	7.53
28	106	235.44±25.34	10.76	99	208.13±21.69	10.42
56	105	553.44±55.92	10.10	98	467.64±47.17	10.09
84	105	1 249.00±117.78	9.43	97	982.65±92.93	9.46
112	105	1 849.57±177.69	9.61	97	1 444.49±137.53	9.52
112 日龄成活率	97.22%			96.04%		

表 108　京海黄鸡（肉用）特定试验 112 日龄屠宰性能

性别	N（只）	活重（g）	屠宰率（%）	半净膛率（%）	全净膛率（%）	胸肌率（%）	腿肌率（%）	腹脂率（%）	肉骨比
公（♂）	30	1 849.57±177.69	91.96±1.59	82.85±2.47	67.19±2.15	15.22±1.99	19.66±2.16	1.05±0.68	4.95±0.65
母（♀）	30	1 444.49±137.53	90.25±2.31	81.58±2.79	66.38±2.74	14.05±1.58	18.95±1.99	1.99±0.98	4.46±0.66

第五节　京海黄鸡抗逆、抗病性研究

对抗病性状的选择一直以来尚未找到一种经济有效的选择技术或方法，成为遗传育种学家最头疼的问题之一。抗病性状的定义有两种：一种是对所有疾病的总抵抗力，以某一阶段的总死亡率或总成活率表示；另一种定义为对某一种特定病原的抵抗力。前者是一复合性状，遗传力很低，约为 0.07；后者遗传力为中等大小，平均为 0.25。直接观察育种群染病情况并记录死亡率的方法尽管不增加额外的费用且不影响生产性能，但效率非常低。一方面总死亡率本身是一个复合性状，遗传力很低，另外造成死亡率的原因还可能是一些偶然的因素。对育种群或者后备种畜禽的同胞或后裔进行直接攻毒的方法，要么对种畜禽的生产性能有影响，要么费用很高，同时如果控制不当还会造成疾病的传播，后果不堪设想；另外，从动物福利的观点来看，这两种方法也面临着巨大的社会压力。随着分子生物技术的不断发展，抗病育种已成为国内外研究的热点。课题组成员在上世纪 70 年代研究鸡蛋溶菌酶的基础上，比较研究了不同的方法检测鸡蛋蛋清中溶菌酶的含量与活力，建立了鸡蛋蛋清中溶菌酶含量和活力的标准方法，通过多位国内专家不同实验室验证，认为所建立的测定方法精密度高，测定方法简单，结果准确，现该方法已成为国家标准（见附件）。本世纪初，课题组成员在江苏省农业高新技术以及国家肉鸡产业技术体系岗位科学家经费的资助下，开展了鸡MHC的SNPs与京海黄鸡的抗病性关系的研究，同时通过鸡球虫孢子化软囊攻毒研究鸡球虫病抗性评价指标，通过抗病品系和易感品系差异表达基因的筛选，研究关键差异表达基因的功能和作用机理，旨在丰富我国鸡球虫病抗性遗传标记，同时探索分子标记抗逆、抗病育种的方法。

一、鸡蛋蛋清中溶菌酶含量和活力标准方法的建立

溶菌酶（Lysozyme）能够水解微生物细胞壁的N-乙酰葡萄糖胺（NAG）和N-乙酰胞壁质酸（NAM）间的β-1，4糖苷键，广泛存在于多种动植物的组织和器官中，其独特的蛋白结构和生物活性在动物机体中发挥着重要作用。鸡蛋中溶菌酶的含量和活力对商品蛋及种蛋的保存时间、蛋品质均有重要的意义。

课题组（2011）研究建立了一种测定鸡蛋蛋清中溶菌酶含量和活力的标准方法。该方法是在比浊法的基础上，用紫外-可见分光光度计测定鸡蛋蛋清中溶菌酶的含量和活力，通过对该方法测定的精密度、准确度、灵敏度和可重复性进行验证分析。结果表明：紫外-可见分光光度计测定鸡蛋蛋清中溶菌酶的含量和活力的方法精密度的相对标准偏差小于4%（RSD<4%），准确度大于95%（R>95%）、灵敏度为5 μg/mL（LOQ 5 μg/mL，LOD 0.3 μg/mL）、可重复性的相对标准偏差小于7%（RSD<7%）均符合方法评估实验要求，所测鸡蛋蛋清溶菌酶含量为2.93～4.07 mg/mL、活力为13 832.54～20 842.74 U/mg。研究证明，该研究方法能科学地估计蛋清中的溶菌酶含量和活力，是一种操作性强、易于掌握、结果可靠稳定的测定方法，可以作为测定鸡蛋蛋清中溶菌酶含量和活力的标准方法。项目研究制定了《鸡蛋蛋清中溶菌酶的测定（分光光度法）》国家标准（GB/T 25879—2010）。

二、抗逆、抗病性有关的分子标记基础研究

1. 京海黄鸡不同剂量球虫卵囊对京海黄鸡抗性指标的影响 课题组（2008）通过对京海黄鸡接种不同剂量的柔嫩艾美尔球虫卵母细胞，观察接种鸡的病变特征，研究不同剂量球虫对京海黄鸡的体增重、血浆$NO^{2-}+NO^{3-}$浓度和β-胡萝卜素浓度等抗性指标的影响。接种后1～3天各组鸡症状无显著差异。第5～7天有血便排出，第7天多数停止出血，第8天开始康复。接种后0～6天体增重、接种前血浆$NO^{2-}+NO^{3-}$浓度和β-胡萝卜素浓度在3组间均无显著差异，而接种后6～9天均有显著差异。接种后6～9天与0～9天的体增重和血浆中β-胡萝卜素浓度均随接种剂量的增加而减少，而血浆中$NO^{2-}+NO^{3-}$的浓度随着接种剂量的增加而增加。这3个指标可作为京海黄鸡抗病性的研究指标，为京海黄鸡的抗病育种奠定基础。不同剂量组的体增重见表109，不同剂量组血浆中NO含量见表110，不同剂量组血浆中β-胡萝卜素含量见表111。

通过对京海黄鸡进行柔嫩艾美尔球虫接种，发现鸡血清中NO的浓度、β类胡萝卜素和γ干扰素的含量、粪便中球虫卵囊脱落数和体增重与球虫病抗性有关，从而建立了鸡球虫病抗性评价指标体系。

表 109　不同剂量组的体增重

组别	剂量（10^3/mL）	体增重（g）		
		0～6 天	0～9 天	6～8 天
1	0	55.89±7.76	135.00±10.26^{Aa}	80.00±10.62^{Aa}
2	5	53.14±9.89	98.67±35.62^{Bb}	20.2±17.85^{Bb}
3	10	52.40±9.18	75.91±50.26^{Bc}	15.41±24.66^{Bc}

注：同一列不同大写字母表示差异极显著（P<0.01）、小写字母表示差异显著（P<0.05）。

表 110　不同剂量组血浆中 NO 含量

组别	剂量（10^3/mL）	NO 含量（μmol/L）		
		接种前	接种后 6 天	接种后 9 天
1	0	5.49±2.56	7.51±5.99^{Aa}	6.85±2.14^{Aa}
2	5	5.94±2.46	13.76±7.43^{Bb}	8.85±3.48^{Ab}
3	10	5.19±3.02	17.60±9.84^{Bc}	27.17±22.95^{Bc}

注：同一列不同大写字母表示差异极显著（P<0.01）、小写字母表示差异显著（P<0.05）。

表 111　不同剂量组血浆中 β-胡萝卜素含量

组别	剂量（10^3/mL）	β-胡萝卜素含量（μmol/L）		
		接种前	接种后 6 天	接种后 9 天
1	0	1 226.24±135.77	1 076.60±108.00^{Aa}	1 169.62±156.52^{Aa}
2	5	1 235.92±168.17	546.37±185.16^{Bb}	680.23±228.55^{Bb}
3	10	1 269.18±209.27	476.90±127.31^{Bc}	657.27±193.11^{Bb}

注：同一列不同大写字母表示差异极显著（P<0.01）、小写字母表示差异显著（P<0.05）。

2. MHC B-LBⅡ基因序列 SNPs 多态性及其与抗性指标的相关性研究　课题组（2008）采用 PCR-SSCP 方法研究京海黄鸡 MHC B-LBⅡ基因的序列多态性，在基因组中扩增包括 MHC B-LBⅡ基因外显子 2 在内长度为 305 bp 的片段，通过 SSCP 分型得到 16 种基因型，测序发现 60 个突变位点，并导致 32 个氨基酸残基发生改变。结果表明：外显子 2 的多态性更多地表现在氨基酸水平上，作为抗原结合区其丰富的多态性与抗原多样性相一致。京海黄鸡 MHC B-LBⅡ基因变异位点及所引起的氨基酸变化情况见表 112。

通过检测 MHC B-F 基因外显子 3 的 SNP 位点发现 28 位点 A→C 突变对 NO 浓度、类胡萝卜素的含量有显著影响，89 位点 G→A 三种突变对类胡萝卜素的含量有显著影响。检测 MHC B-LBⅡ基因外显子 2 的 SNP 位点发现 24 位点 T→G 突变对血清中 NO 的浓度影响显著。通过抗性和易感 2 个群体鸡球虫病感染前后差异表达基因的分析，发现有 3 个基因与鸡球虫病发生有关，分别是 Zyxin 基因、CD4 基因、TNFSF1A 基因。这些重要发现为鸡球虫病抗性选育提供了新途径。研究培育了鸡球虫病抗性和易感品系。

表 112　京海黄鸡 MHC B－LBⅡ基因变异位点及所引起的氨基酸变化情况

SNP 位点	SNP	氨基酸突变	SNP 位点	SNP	氨基酸突变
9	T/C	Phe/Gln	128	T/C	Phe/Tyr/Leu/-
10	T/A	Phe/Gln	134	C/T/G	Ala/-
11	C/T/G	Phe/Gln	138	T/A	Ser/Thr
13	G/A	Cys/Tyr	141	C/G	Pro/Ala
14	C/G	Cys/Trp	153	C/T	Pro/Cys
16	G/C	Gly/Ala	154	C/G/A	Pro/Cys/Arg/His
18	G/A/T	Ala/Met/Phe/Thr/Leu	155	G/T	Pro/Cys/Arg/His/
19	C/T/G	Ala/Met/Phe/Val/Leu	157	A/C	Gln/Pro
20	G/T	Ala/Phe	158	A/G	Gln/Pro/-
22	T/A	Ile/Lys	160	C/T	Ala/Val
24	T/G	Ser/Ala	161	T/A	Ala/Val
25	C/T/A	Ser/Phe/Tyr	165	T/A	Tyr/Ile
26	C/A/T	Ser/Ala/Phe/Tyr/-	166	A/T	Tyr/Ile/Phe
35	C/A	His/Gln	173	C/T	Asn/-
37	A/T	Tyr/Phe	177	A/G	Asn
41	G/C	Leu/-	186	C/A/T	Leu/Ile/Phe
64	A/T	Tyr/Phe	198	C/A/G	Arg/Lys/Glu
69	C/G	Gln/Asp/Val/Glu	199	G/A/T	Arg/Lys/Leu/Gln/Glu
70	A/T	Gln/Val	206	T/A	Asn/Lys
71	A/C/G	Gln/Asp/Val/Glu/-	208	A/T	Glu/Val
75	T/C/G	Tyr/His/Glu/Gln	209	A/G	Glu/-
77	C/A/T	Tyr/Glu/Gln/-	211	T/C	Val/Ala
78	A/G	Ile/Val	216	A/G	Arg/Gly
93	C/G	Gln/Glu	217	G/C	Arg/Thr
97	T/A/C	Phe/Tyr/Ser/Asn	219	T/C	Phe/Pro
98	C/A	Phe/Leu	220	T/C/A	Phe/Pro/Ser/Tyr
99	A/T/G	Thr/Leu/Ala/Ser	241	G/T	Gly/Val
100	C/T	Thr/Leu/Met	243	G/T	Gly/Val
126	T/C	Phe/Leu	244	T/G	Val/Gly
127	T/A	Phe/Tyr	270	G/A	Val/Asn

注："-" 表示相同，未引起氨基酸变化。

3. 鸡球虫病抗性候选斑联蛋白基因与京海黄鸡生长屠宰性能的相关性研究　课题组（2012）以京海黄鸡为试验材料，采用 PCR－SSCP 技术检测斑联蛋白基因（Zyxin）8 个外显子 SNPs，探讨 Zyxin 基因的多态性与鸡生长和屠体性状之间的关系。结果发现 Zyxin 基因外显子1有1个SNP突变位点，表现为3种基因型，分别用AA、AB和BB表示。统计分析结果表明：BB型的公鸡腹脂重、屠宰率显著高于AA型与AB型（P<0.05），AA型与AB型差异不显著（表113）。AB型的母鸡心重、胸肌率、腿肌率显著高于AA、BB型，而半净膛率、全净膛率低于AA、BB型（表114）。以上研究结果表明，Zyxin基因可能是影响京海黄鸡部分内脏组织、器官和屠宰率等少数几个非重要性状的基因，而该基因对京海黄鸡主要经济性状如活重、屠体重、胸腿肌重等的影响不大。所以利用该基因对鸡球虫病的抗病性的关系进行的选择，可以提高群体对球虫病的抗性，但对群体重要经济性状不会产生重大影响。Zyxin基因对鸡球虫病抗性影响的机理等相关后续研究工作还在继续进行中。

表113 Zyxin外显子1不同基因型对公鸡屠体性状的影响

屠体性状	基因型		
	AA（45）	AB（27）	BB（5）
活重（g）	1 667.29±225.63	1 668.41±242.19	1 735.40±76.90
头重（g）	58.19±8.05	57.29±13.00	60.88±8.02
脚重（g）	58.29±8.95	57.46±14.71	59.28±8.29
胃重（g）	31.62±5.21	32.69±6.69	28.86±7.62
心重（g）	10.51±2.54	11.26±2.69	11.38±2.42
肝脏（g）	30.33±4.79	30.67±4.96	34.16±3.19
腹脂重（g）	10.81±3.04[b]	11.73±3.25[b]	15.52±2.99[a]
胸肌重（g）	202.21±37.36	200.75±39.06	197.92±22.60
腿肌重（g）	242.69±44.62	242.22±43.13	271.56±40.60
屠体重（g）	1 483.50±207.28	1 488.37±215.77	1 594.42±116.25
半净膛重（g）	1 254.65±173.14	1 253.95±184.28	1 327.38±73.79
全净膛重（g）	1 172.39±163.09	1 167.60±177.30	1 225.46±58.03
屠宰率（%）	88.94±1.69[b]	89.22±1.93[b]	91.81±3.40[a]
胸肌率（%）	17.18±1.29	17.23±2.52	16.12±1.29
腿肌率（%）	20.70±2.32	20.80±2.51	22.08±2.38
半净膛率（%）	75.25±1.95	75.36±5.96	76.47±1.91
全净膛率（%）	70.31±1.87	70.16±6.02	70.61±3.81

注：括号内为试验鸡数量；同行不同小写字母表示差异显著（P<0.05），没有标记字母的比较差异均不显著（P>0.05）。

表114 Zyxin外显子1不同基因型对母鸡屠体性状的影响

屠体性状	基因型		
	AA（50）	AB（23）	BB（8）
活重（g）	1 315.46±192.74	1 292.78±199.39	1 377.11±187.88
头重（g）	38.07±6.58	38.77±8.36	40.15±8.35
脚重（g）	39.41±8.72	38.99±7.87	41.20±7.49

（续）

屠体性状	基 因 型		
	AA（50）	AB（23）	BB（8）
胃重（g）	28.59±6.63[ab]	27.06±7.64[a]	29.06±3.05[b]
心重（g）	7.89±2.32[b]	10.36±2.82[a]	8.28±2.07[b]
肝脏（g）	27.49±5.57	26.05±6.99	29.16±7.45
腹脂重（g）	21.98±18.07	13.84±14.72	18.36±29.97
胸肌重（g）	169.79±29.98	169.18±27.37	173.23±17.25
腿肌重（g）	174.96±28.93	177.69±30.80	174.35±16.63
屠体重（g）	1 483.50±207.28	1 488.37±215.77	1 594.42±116.25
半净膛重（g）	990.75±144.86	913.21±255.55	1 006.49±121.77
全净膛重（g）	904.79±134.82	835.89±245.19	921.61±104.34
屠宰率（%）	88.62±3.27	87.66±2.54	88.09±1.24
胸肌率（%）	18.86±2.39[b]	24.04±2.13[a]	18.98±2.62[b]
腿肌率（%）	19.39±1.91[b]	25.12±2.45[a]	19.06±2.34[b]
半净膛率（%）	75.47±5.20[a]	69.90±4.23[b]	73.17±7.43[a]
全净膛率（%）	68.92±5.04[a]	63.89±6.87[b]	67.06±7.03[a]

注：同表113。

4. 京海黄鸡抗热应激的研究 京海黄鸡选育基地位于长江下游的濒海地区，夏季高温、高湿天气多，特别是在每年的7月和8月份。课题组成员制定京海黄鸡热应激表现标准，每年酷暑，当开放式鸡舍室内温度超过37℃时，通过观察京海黄鸡育成鸡的热应激表现进行现场选种，同时统计舍内温度大于35℃时种母鸡的产蛋数，进行抗热应激选择，选育研究取得了一定的效果，使培育的京海黄鸡具有适应海洋性气候、抗风、抗湿、抗高温等特点，适应海边、平原、山区的生态养殖与规模化生产。0～6周龄成活率为97.3%，7～17周龄成活率98.4%，66周龄成活率高达95%以上。

第六节 京海黄鸡群体遗传多样性研究

根据国家畜禽遗传资源委员会家禽新品种（配套系）审定条件规定，要求审定的新品种遗传性能比较一致和稳定，主要经济性状的遗传变异系数在10%以下。这一规定仅对主要生产性能提出了要求，为了充分揭示京海黄鸡的群体遗传多样性，课题组在分子水平上开展了京海黄鸡遗传多样性研究，研究结果为京海黄鸡的保种和进一步选育提供了依据。有关候选基因的遗传多样性研究见前面各部分相关内容。

一、候选基因的群体遗传多样性研究

1. 京海黄鸡脂肪酸结合蛋白（E-FABP）基因的SNPs位点的基因、基因型频率 本研究通过PCR扩增对141只京海黄鸡和30只苏禽黄鸡E-FABP基因第3内含子的多态性进行了研究。在京海黄鸡中发现了AA、AB、AC、BC和CC 5种基因型，在苏禽黄鸡中检测到了除BC型以外的4种基因型。在2个鸡群体中A和C等位基因的频率明显高于B等位基因频率，对2个纯合基因型测序分析表明：在鸡E-FABP基因的第3内含子4 269～4 288bp处有20个碱基缺失，并在4 273bp处发生了A→C的突变。京海黄鸡和苏禽黄鸡不同基因型及其等位基因频率见表115。

表115 京海黄鸡和苏禽黄鸡不同基因型及等位基因频率

群体	基因型频率					基因频率		
	AA	CC	AB	AC	BC	A	B	C
京海黄鸡	0.198 6 (28)	0.205 7 (29)	0.099 3 (14)	0.397 1 (56)	0.099 3 (14)	0.446 8	0.099 3	0.453 9
苏禽黄鸡	0.133 4 (4)	0.333 3 (10)	0.033 3 (1)	0.500 0 (15)	0.000 0 (0)	0.400 0	0.016 7	0.583 3

注：括号内为样本容量。

2. 京海黄鸡生长素（Ghrelin）基因SNPs位点的基因、基因型频率 根据GenBank上的Ghrelin基因的序列设计了2对引物，用PCR-SSCP方法检测了京海黄鸡和苏禽黄鸡该基因的多态性。结果表明，引物1在两个鸡群体中均未检测到多态；引物2检测到多态，其中京海黄鸡有BB、BC和CC 3种基因型，苏禽黄鸡中只检测到BB和BC 2种基因型。在2个鸡群体中B等位基因为优势基因，分布较高，其中在苏禽黄鸡中BB基因型频率达0.933，而京海黄鸡为0.657。对2个纯合基因型测序分析表明，位于Ghrelin基因546bp处发生了T→A的单碱基突变。京海黄鸡基因型及基因频率见表116。

表116 京海黄鸡基因型及基因频率

品种	基因型频率			基因频率	
	AA	AB	BB	A	B
京海黄鸡	0.657	0.307	0.035 7	0.810	0.189

二、微卫星标记群体遗传多样性分析

利用微卫星标记技术评估京海黄鸡的遗传多样性，15个微卫星遗传信息见表117。其中*Hi*为第i个位点的杂合度，*Ne*为有效等位基因数，*PIC*为多态信息含量。

表117 京海黄鸡微卫星遗传信息

位点	等位基因数	等位基因大小（bp）	频率	*Hi*	*Ne*	*PIC*
ADL185	7	158-178	0.03-0.28	0.807 0	5.181 3	0.779 8
ADL201	3	144-164	0.03-0.54	0.524 8	2.104 4	0.417 8
ADL0292	7	140-160	0.01-0.34	0.770 1	4.349 7	0.735 5
MCW0039	4	146-160	0.02-0.41	0.652 4	2.876 9	0.580 8
MCW0058	10	185-217	0.03-0.28	0.839 9	6.246 1	0.821 8

（续）

位点	等位基因数	等位基因大小（bp）	频率	*Hi*	*Ne*	*PIC*
MCW0085	7	292－316	0.04－0.29	0.801 6	5.040 3	0.774 2
MCW120	13	265－328	0.01－0.18	0.881 1	8.410 4	0.869 3
MCW0328	4	256－303	0.08－0.36	0.705 5	3.395 6	0.648 1
LEI0066	4	311－348	0.06－0.49	0.608 6	2.554 9	0.533 6
LEI0094	4	216－240	0.06－0.46	0.655 9	2.906 1	0.593 3
LEI0166	7	259－300	0.03－0.33	0.775 3	4.450 4	0.742 5
ADL136	7	144－190	0.08－0.23	0.834 5	6.042 3	0.812 9
MCW145	7	226－260	0.03－0.39	0.759 7	4.161 5	0.728 1
ADL0226	1	202	0.00－1.00	0.000 0	1.000 0	0.000 0
ADL166	5	149－157	0.03－0.50	0.661 5	2.954 2	0.613 3

利用15个微卫星标记对京海黄鸡（四世代）、边鸡和尤溪麻鸡的群体遗传结构及遗传分化进行了研究。结果表明：3个鸡群体的遗传多样性较为丰富。边鸡的平均多态信息含量（0.5387）和平均期望杂合度（0.5934）最高；京海黄鸡的平均多态信息含量（0.5041）和平均期望杂合度（0.5671）最低。边鸡中有9个位点为高度多态位点，其余6个为中度多态位点；京海黄鸡中有11个为高度多态位点；尤溪麻鸡中有7个为高度多态位点。3个鸡群体总近交系数（*Fit*）为28.1%，群体内近交系数（*Fis*）为22.7%，群体间基因分化系数（*Fst*）为7%，3个指标均达到极显著水平（$P<0.001$）。3个鸡群体中，边鸡群体内近交系数（*Fis*）最高（0.242），尤溪麻鸡最低（0.166）。总之，3个鸡群体的遗传多样性较为丰富。3个鸡群体各微卫星引物检测到的等位基因数见表118，3个鸡群体各微卫星引物检测的多态信息含量（*PIC*）、期望杂合度（*He*）及观察杂合度（*Ho*）见表119。

表118 3个鸡群体各微卫星引物检测到的等位基因数

位点	等位基因数			各位点等位基因总数
	边鸡	京海黄鸡	尤溪麻鸡	
ADL0268	6	5	5	6
MCW0206	5	5	5	5
LEI0166	3	2	3	3
MCW0295	4	7	5	8
MCW0081	4	3	2	5
MCW0014	4	3	3	4
MCW0183	4	4	4	4
ADL0278	8	5	5	9
MCW0067	3	3	3	3
MCW0104	11	9	8	13
MCW0123	6	7	5	8

（续）

位点	等位基因数			各位点等位基因总数
	边鸡	京海黄鸡	尤溪麻鸡	
MCW0330	4	4	4	4
MCW0165	3	3	3	3
MCW0069	6	7	6	8
MCW0248	4	2	4	4
总数	75	69	65	87
平均值	5.00±2.17	4.60±2.10	4.33±1.50	5.80±2.86

表 119　3 个鸡群体各微卫星引物的多态信息含量、期望杂合度及观察杂合度

位点	边　鸡			京海黄鸡			尤溪麻鸡		
	PIC	*He*	*Ho*	*PIC*	*He*	*Ho*	*PIC*	*He*	*Ho*
ADL0268	0.670 0	0.720 2	0.992 9	0.670 8	0.724 0	1.000 0	0.752 0	0.799 4	1.000 0
MCW0206	0.514 5	0.582 6	0.471 4	0.537 9	0.620 6	0.400 0	0.480 4	0.575 7	0.4000
LEI0166	0.344 3	0.387 1	0.421 4	0.370 1	0.495 2	0.580 0	0.466 8	0.535 6	0.600 0
MCW0295	0.577 2	0.649 8	0.507 1	0.559 2	0.616 0	0.600 0	0.582 5	0.656 5	0.566 7
MCW0081	0.395 3	0.478 9	0.535 7	0.239 9	0.274 5	0.240 0	0.361 0	0.480 8	0.433 3
MCW0014	0.662 3	0.716 1	0.100 0	0.578 5	0.660 0	0.100 0	0.434 5	0.523 7	0.166 7
MCW0183	0.395 6	0.424 9	0.235 7	0.546 3	0.617 6	0.440 0	0.422 4	0.474 0	0.400 0
ADL0278	0.687 2	0.729 1	0.628 6	0.473 9	0.516 0	0.540 0	0.640 9	0.710 2	0.766 7
MCW0067	0.490 7	0.568 7	0.485 7	0.512 2	0.581 2	0.440 0	0.466 2	0.549 2	0.600 0
MCW0104	0.695 2	0.728 5	0.550 0	0.611 9	0.647 7	0.560 0	0.813 6	0.847 5	0.566 7
MCW0123	0.463 0	0.521 4	0.328 6	0.653 7	0.705 9	0.320 0	0.542 0	0.601 1	0.266 7
MCW0330	0.599 6	0.657 2	0.500 0	0.626 8	0.695 4	0.720 0	0.670 0	0.733 3	0.800 0
MCW0165	0.564 7	0.643 5	0.164 3	0.502 3	0.595 4	0.060 0	0.226 6	0.244 1	0.000 0
MCW0069	0.685 5	0.730 6	0.607 1	0.527 2	0.591 9	0.500 0	0.653 4	0.710 7	0.500 0
MCW0248	0.334 8	0.362 6	0.228 6	0.150 4	0.165 5	0.140 0	0.124 3	0.129 4	0.100 0
平均值	0.538 7±0.129 7	0.593 4±0.130 8	0.450 5±0.222 1	0.504 1±0.147 0	0.567 1±0.155 7	0.442 7±0.249 4	0.509 1±0.187 0	0.571 4±0.193 7	0.477 8±0.271 6

综上微卫星分析结果可知，京海黄鸡经 4 个世代的选育，其群体的遗传变异程度低于边鸡，和尤溪麻鸡的遗传变异大致相当，从 3 个群体微卫星多态信息含量、期望杂合度及观察杂合度的群体平均数来看，京海黄鸡还略低于尤溪麻鸡。一般而言，微卫星标记是一种中性遗传标记，即选择通常不会改变其出现的频率，但京海黄鸡品种选育的这种结果是否改变了群体用微卫星计算得到的遗传变异程度还有待进一步研究。

第七节　京海黄鸡新品种推广与应用

一、健康养殖技术研究

课题组在京海黄鸡品种培育的同时，围绕京海黄鸡规模化、集约化、标准化、生态健康养殖的需要，紧密结合生产和推广的实际需要，在已组建的“江苏省绿色禽产品工程技术研究中心”、“江苏省企业研究生工作站”、“江苏省产学研联合培养研究生示范基地”和“国家级博士后科研工作站”等技术创新平台基础上，研究集成并推广京海黄鸡优质高产、健康养殖、清洁环境控制、疫病综合防治、鸡粪无害化处置等系列化标准化生产技术，先后研究制定了《京海黄鸡》、《京海黄鸡肉仔鸡饲养管理技术规程》、《京海黄鸡孵化技术规程》和《京海黄鸡种鸡饲养管理技术规程》4 个江苏省级地方标准；《京海黄鸡种鸡舍建设要点》、《京海黄鸡种鸡人工授精技术操作规程》、《京海黄鸡种鸡、商品鸡免疫程序》、《京海黄鸡林间、果园生态养殖技术要点》、《京海黄鸡丘陵、山地放养技术要点》、《鸡粪无害化处理技术规程》等多个企业标准，通过建立省、市、县三级技术推广网络，将优良京海黄鸡新品种和饲养技术进行推广应用。京海黄鸡免疫程序（种鸡）见表 120。

表 120 京海黄鸡免疫程序（种鸡）

日龄	周龄	疫苗名称	代号	方法	备注
1		马立克	CV1988	颈皮下注射	0.20ml/羽（孵化厅）
1		传支	IBH120	滴眼	1.0 头份
3		球虫	Coccivac	喷料	1.0 头份
7		新城疫弱毒	NDClone30	滴眼	1.0 头份
10		禽流感	AI－K	颈皮下注射	0.20ml/羽
14		法氏囊弱毒	D78	饮水	1.0 头份
21		法氏囊弱毒	D78	饮水	1.0 头份
24		新城疫油苗	ND－K	颈皮下注射	0.20ml/羽
24		新支二联	ND－IB	滴眼	1.0 头份
	5	鸡痘	FP	翅下刺种	1.0 头份
	7	传支	H120	滴眼	1.0 头份
	10	新城疫油苗	ND－K	肌肉注射	0.25ml/羽
	10	新城疫弱毒苗	NDIV	饮水	1.0 头份
	12	鸡痘＋脑脊髓炎	AE＋POX	翅下刺种	1.0 头份
	13	减蛋综合征	EDS76	肌肉注射	0.50 ml/羽
	16	新城、传支、法氏	ND、IB、IBD	肌肉注射	0.50 ml/羽
	16	禽 流 感	AI	肌肉注射	0.50 ml/羽
	16	新城疫＋传支	ND＋IB	饮水	1.0 头份
	26	新城疫＋传支	ND＋IB	饮水	1.0 头份
	36	新城疫＋传支	ND＋IB	饮水	1.0 头份
	46	新城疫＋传支	ND＋IB	饮水	1.0 头份
	56	新城疫＋传支	ND＋IB	饮水	1.0 头份

二、产业化模式创新

项目实施充分发挥了国家级龙头企业江苏京海禽业集团有限公司的示范带动作用，采用

“公司＋经纪人＋农户”、“公司＋合作社＋社员”、“公司＋专业生产基地＋规模化养殖户＋销售平台”的3种组织模式，和“订单式技术服务”、“科技服务超市、分店、便利店技术服务”和“网络式技术服务”3种服务模式，带动农户采用标准化新技术饲养京海黄鸡，探索并实施了利益共享、风险共担的利益联结机制，有效增加了养殖户的抗风险能力。到2011年底，京海黄鸡拥有农民经纪人87位，合作社社员987个（户），专业生产基地5个，成为农业部提倡在全国推广的“服务带动型”农业产业化体系。在“攻关-集成-示范-推广”协同联动机制的作用下，优质肉鸡新品种京海黄鸡已在江苏、浙江、安徽、山东、辽宁、湖南、陕西、河南等10个省推广应用，深受养殖户和消费者的欢迎。

随着食品安全意识的加强和国家对禽流感等疫病防控力度的加大，活禽交易的数量逐步减少。项目组开展了鸡肉产品深加工及冷鲜鸡肉和冰鲜鸡肉安全质量控制技术的研究开发，生产出质量安全得到保证的优质鸡保鲜产品和其他深加工产品。今后随着京海黄鸡的产业化进程的不断加快，可对饲料加工、交通运输、物流配送、餐饮服务等相关产业的协调发展起促进作用。

第八节　京海黄鸡主要性状的全基因组关联分析

动物的性状通常分为两类，一类是由单个或少数几个基因控制的性状，如牛的红色和黑色皮肤、某些疾病和遗传缺陷等。另一类是由很多基因或环境因素所控制的复杂性状或数量性状，包括许多疾病的易感性性状等。对于复杂性状而言，直到最近才产生发现这些有效基因的方法，这种方法就是基于SNP芯片检测技术，或者说是由单核苷酸多态性（SNPs）全基因组检测平台衍生出来的全基因组关联分析（genome wide association study，GWAS）技术。

全基因组关联分析是一种利用遍布于整个基因组范围内的分子标记（目前主要是SNP标记），并借助强大的统计学工具，对影响复杂性状的遗传变异进行鉴定和分析的方法。它与以往的候选基因研究策略的明显不同之处在于GWAS不再受预先设定的候选基因的限制，使众多功能不明的基因及大量基因间区域的SNP都为复杂性状的研究提供线索。

自2005年Science杂志首次报道关于视网膜黄斑变性的GWAS以来，陆续报道了一系列复杂疾病的GWAS。截至2011年6月，仅是在人类上就有1449篇GWAS文章发表，涉及237个性状，成功鉴定出了很多影响疾病等复杂性状的显著SNP。鉴定出的这些SNP，只有很小部分位于以前对这些性状研究的研究区域中，绝大部分位于以前未被研究的基因组区域。表明这些区域对疾病等复杂性状的研究也很重要，预示GWAS为疾病等复杂性状的研究开辟了新的渠道。

随着牛、鸡和猪等主要畜禽全基因组序列测序的完成，大量SNP标记被开发了出来。Illumina等公司相继推出了牛、猪、鸡和马（Illumina，San Diego，CA，USA）的SNP高密度芯片。最近几年，利用这些高密度SNP芯片，国内外不少研究者对畜禽的重要经济性状、遗传缺陷性疾病、复杂疾病的抗性、品种特征等性状开展了GWAS，这些研究不仅大大丰富了畜禽标记辅助选择中可利用的分子标记，而且为这些性状分子机理的探索研究提供了重要线索。

一、生长性状的全基因组关联分析

生长性状是影响肉鸡产业的主要经济性状之一，对于鸡生长性状基因座的研究一直是研究工作的热点。目前，鸡的 QTL 数据库中已经有超过 1500 个 QTL 被认为和鸡的生长性状相关，主要分布于染色体 21、22 和 25 以外的所有染色体上。但这些研究大都是以低密度的微卫星为标记而进行的研究，在标记分布范围和密度上存在一定程度的不足。而全基因组关联分析（GWAS）则以高密度的 SNP 为分子标记，并借助统计学工具，可实现对生长状进行全面的研究，寻找影响鸡生长性状的 QTL，挖掘与生长性状相关的基因，识别这些基因在染色体上的位置，从而为生长性状的遗传改进提供依据。为此，课题组成员利用 illumina 60KSNP 芯片，对京海黄鸡 12 个生长性状进行全基因组关联分析，旨在筛选影响京海黄鸡生产性能的 SNP 位点，挖掘影响鸡生长性状的功能基因，为进一步做好生长性能的选育提供依据。

1. 测定的生长性状指标及质检后符合分析要求的 SNP 信息 测定了京海黄鸡 400 只子代母鸡各个体的 2、4、6、8、10、12、14、16（上市）周龄体重（BW），并计算出 0－4（ADG4）、4－8（ADG8）、8－12（ADG12）、12－16（ADG16）周龄日增重。使用 PLINK（v1.07）软件对芯片检测结果进行质量控制，剔除不合格的个体后，送检的 400 个个体只有 396 个符合分析要求，有效的 SNP 数量共 46665 个。表 121 是测定的生长性状及其基本统计量，表 122 是芯片检测质量控制后的 SNP 基本信息。

表 121 不同周龄体重和日增重的基本统计量

测定项目	样本量	最大值（g）	最小值（g）	平均数（g）	标准差（g）
BW2	300	126	40	85.57	13.53
BW4	348	324	106	205.31	29.88
BW6	343	495	200	330.22	52.07
BW8	293	695	310	513.53	72.73
BW10	288	1 290	405	706.44	106.73
BW12	273	1 170	605	870.73	100.52
BW14	335	1 480	680	1042.27	113.77
BW16	398	1 502	725	1123.53	124.81
ADG4	300	290	89	172.18	29.78
ADG8	255	513	111	307.94	60.21
ADG12	202	630	105	359.85	67.44
ADG16	271	575	79	254.60	72.96

表 122 质检后的 SNP 统计信息

染色体	物理图谱（Mb）	SNPs 数量（个）	SNP 密度（Kb/SNP）
1	200.95	7 244	27.74
2	154.79	5 466	28.32
3	113.62	4 165	27.28
4	94.2	3 396	27.74
5	62.23	2 192	28.39

（续）

染色体	物理图谱（Mb）	SNPs 数量（个）	SNP 密度（Kb/SNP）
6	35.84	1 729	20.73
7	38.3	1 829	20.94
8	30.56	1 350	22.64
9	24.02	1 187	20.24
10	22.42	1 302	17.22
11	21.87	1 241	17.62
12	20.46	1 403	14.58
13	18.27	1 186	15.41
14	15.76	1 018	15.52
15	12.93	1 029	12.56
16	0.42	11	37.99
17	10.61	846	12.55
18	10.85	857	12.66
19	9.9	830	11.93
20	13.92	1484	9.38
21	6.86	766	8.95
22	3.9	300	12.99
23	6.02	601	10.02
24	6.38	743	8.58
25	2.02	168	12
26	5.07	640	7.82
27	4.83	479	10.07
28	4.47	560	7.99
LGE22C19W28 _ E50C23	0.88	109	8.1
LGE64	0.018	3	6
z	74.58	1942	38.4
0	0	589	0
总和	1026.948	46665	22.04

2. 达到基因组水平显著的 SNPs 及其最近基因　通过关联分析，本研究共筛选出 27 个与生长性状显著（P＜1.80E－6）相关的 SNP 位点，详细结果见表 123。影响前期体重（BW4 和 BW6）的 8 个 SNP 分布无明显规律，它们位于 1、2、4、12 和 20 号染色体上，其中 20 号染色体上有两个 SNP 位于同一基因 DLGAP4 内。而影响后期体重（BW12、BW14、BW16）的 15 个 SNP 分布相对规律，7 个位于 1 号染色体上，3 个位于 19 号染色体的 9.0-9.2Mb 区域，2 个位于 4 号染色体上 82.1Mb 和 85.1Mb 处，2 个位于 3 号染色体 29.8Mb 区域，1 个位于 23 号染色体上，分布于 1 号染色体的 7 个 SNP 又有 3 个在 50.6Mb 附近，

具有共同最近基因 LOC100857571。影响日增重（ADG4、ADG8 和 ADG12）的 4 个 SNP 则是分别位于 1、7、8 和 13 号染色体上。没有筛选出与 2、8、10 周龄体重和 14～16 周龄日增重显著关联的 SNP。

表 123 达到基因组水平显著的 SNPs 及其相关的最近基因

性状	SNP 序列号	染色体	位置（bp）	SNP	最小等位基因频率	最近基因（kb）	P 值
BW4	Gga _ rs14047064	12	17762137	A/G	0.033	LOC771741	2.38E－07
BW4	GGaluGA263709	4	68188204	G/A	0.463	FRYL	5.58E－07
BW6	Gga _ rs13652021	1	50604748	C/T	0.084	53 U LOC100857571	5.66E－07
BW6	Gga _ rs16157889	20	382745	G/A	0.463	DLGAP4	8.38E－07
BW6	Gga _ rs16157891	20	395261	G/A	0.465	DLGAP4	8.38E－07
BW6	Gga _ rs14575042	6	13435916	G/A	0.144	ZMIZ1	9.63E－07
BW6	Gga _ rs14138865	2	11179741	A/G	0.180	132 U PFKP	1.60E－06
BW6	GGaluGA083278	12	6225640	T/C	0.102	14 U WNT7A	1.68E－06
BW12	GGaluGA267974	4	85148698	C/T	0.451	HTT	1.15E－08
BW12	Gga _ rs14332284	3	29814153	C/T	0.218	94 U MOCS1	2.37E－07
BW12	Gga _ rs13895688	1	88302078	T/C	0.049	6 U TFG	1.07E－06
BW12	Gga _ rs16188810	23	3101987	C/T	0.310	PTPRU	1.38E－06
BW12	Gga _ rs13721346	3	29847542	T/C	0.231	61 U MOCS1	1.52E－06
BW14	Gga _ rs13652021	1	50604748	C/T	0.084	53 U LOC100857571	5.59E－07
BW16	Gga _ rs13652021	1	50604748	C/T	0.084	53 U LOC100857571	1.16E－09
BW16	Gga _ rs13973774	1	175116535	C/T	0.227	62 U COG6	4.36E－09
BW16	Gga _ rs14123975	19	9331455	C/T	0.351	SGSM2	1.33E－07
BW16	GGaluGA016599	1	50616709	A/C	0.070	41 U LOC100857571	1.85E－07
BW16	Gga _ rs13983925	1	184074501	A/G	0.184	86 D ZC3H12C	2.78E－07
BW16	Gga _ rs15855551	19	9232211	G/A	0.380	NLK	8.29E－07
BW16	Gga _ rs13576057	19	9018028	T/G	0.436	NF1	8.35E－07
BW16	GGaluGA267023	4	82146031	A/G	0.399	EVC	9.59E－07
BW16	Gga _ rs15397087	1	120766034	T/C	0.434	508 U LOC771621	1.76E－06
ADG4	Gga _ rs13932418	1	125019756	G/A	0.313	47 U LOC425311	5.24E－07
ADG4	Gga _ rs14650201	8	22102887	A/G	0.347	MAST2	1.34E－06
ADG8	Gga _ rs10724100	13	17572624	C/T	0.085	SEPT8	1.97E－07
ADG12	Gga _ rs15854607	7	19510158	C/T	0.424	METTL8	8.58E－07

3. 与生长性状显著相关的 SNP 位点的筛选 对于京海黄鸡来说，16 周龄上市体重是一个十分重要的生长指标。由表 123 可见，位于 1 号染色体上 COG6 附近的一个 SNPGga _ rs13973774 与 16 周龄体重的相关极显著。由表 124 可见，位于 LOC100857571 上游 53kb 处的 Gga _ rs13652021，不仅与 BW12 具有潜在相关（P＜3.59E－5），而且与 BW6、BW14 和 BW16 显著相关（P＜1.80E－6）。位于 LOC100857571 下游 12kb 的 GGaluGA016599 与

BW6 和 BW14 具有潜在相关，与 BW16 相关显著。另外还有两个较为特殊的 SNPs，分别是位于基因 GPR158 的 Gga _ rs14144201 和 MAST2 内的 Gga _ rs14650201，前者与 BW4、BW6、BW12、BW14 和 BW16 有潜在相关，后者与 BW2、BW4 有潜在相关，与 ADG4 有显著的相关。总之，除了上述 4 个 SNP 与 16 周龄体重关系密切外，其他 SNP 与京海黄鸡某一生长阶段的生长性状有一定关联，因此，上述四个 SNPs 具有较高的实际应用价值。

表 124 与多个不同生长阶段体重关联的 SNPs

SNP 序列号	染色体	位置（bp）	最近基因	性状	P 值
Gga _ rs13845425	1	32157376	NELL2	BW4	3. 27E－06
				BW8	2. 92E－05
				ADG4	9. 18E－06
Gga _ rs13652021	1	50604748	53 U LOC100857571	BW6	5. 66E－07
				BW12	2. 10E－06
				BW14	5. 59E－07
				BW16	1. 16E－09
GGaluGA016599	1	50616709	41 U LOC100857571	BW6	2. 70E－05
				BW14	1. 70E－05
				BW16	1. 85E－07
Gga _ rs14144201	2	16411324	GPR158	BW4	8. 55E－06
				BW6	2. 58E－06
				BW12	2. 00E－06
				BW14	5. 20E－06
				BW16	1. 42E－05
GGaluGA173629	2	151994331	90 D PTP4A3	BW12	8. 40E－06
				BW14	2. 16E－05
				BW16	2. 24E－05
Gga _ rs14334317	3	31692108	80 U MRPL14	BW4	3. 90E－06
				BW6	7. 44E－06
				ADG4	2. 42E－05
Gga _ rs14335310	3	32692497	TTC27	BW6	3. 20E－05
				BW8	1. 38E－05
				ADG8	3. 15E－05
Gga _ rs14335334	3	32718534	5 D TTC27	BW6	3. 17E－05
				BW8	1. 43E－05
				ADG8	2. 68E－05
Gga _ rs14650201	8	22102887	MAST2	BW2	2. 84E－05
				BW4	7. 94E－06
				ADG4	1. 34E－06

二、屠宰性状的全基因组关联分析

屠宰、肉品质性状和生长性状一样是由微效多基因控制的复杂数量性状，需用全基因组关联分析（GWAS）技术确定遗传与表型性状的关联性，课题组成员利用 illumina 60KSNP 芯片，对来自 19 个半同胞家系的 200 只子代 66 周龄京海黄鸡母鸡部分屠宰和肉质性状进行全基因组关联分析，旨在筛选影响京海黄鸡屠宰和肉品质性状的 SNPs 和相关功能基因，为京海黄鸡屠宰和肉品质性状的选育提高提供参考依据。测定的性状有 66 周龄时的体重（BW66）、屠体重（CW）、脚重（FW）、翅重（WW）、胸肌重（BMW）、腿肌重（LMW）、腹脂重（AW）、全净膛重（EW）、半净膛重（SEW）、胸肌率（BMWP）、腿肌率（LMWP）、腹脂率（AWP）和全净膛率（EWP）。肉品质性状有胸肌脂肪（FBM）、腿肌脂肪（FLM）、胸肌蛋白（PBM）、腿肌蛋白（PLM）、胸肌肌苷酸（IBM）和腿肌肌苷酸（ILM）。

1. 京海黄鸡母鸡 66 周龄屠宰及肉品质性状 使用 PLINK（v1.07）软件对芯片检测结果进行质量控制，剔除不合格的个体后，送检的 200 个个体只有 196 个符合分析要求，有效的 SNP 数量共 46665 个。表 125 是京海黄鸡母鸡 66 周龄屠宰及肉品质性状的基本统计量，芯片检测质量控制后的 SNP 基本信息同表 122。

表 125 京海黄鸡母鸡 66 周龄屠宰及肉品质性状的基本统计量

性状	样本数	最大值	最小值	平均值	标准差
BW66（g）	195	2 925	1 290	2 062.9	306.1
CW（g）	182	2 755	1 210	1 852.3	285.3
FW（g）	195	70	25	46.3	8.8
WW（g）	195	95	35	62.7	11.8
BMW（g）	193	155	50	103.8	20.5
BMWP（%）	193	21.3	10.2	16.4	1.9
LMW（g）	195	210	70	138.5	25.1
LMP（%）	195	27.3	12.6	21.9	2.3
AW（g）	188	245	5	97.4	53
AWP（%）	188	15.6	0.5	7.3	3.2
EW（g）	195	1 950	725	1 270	210
EWP（%）	195	89.4	47.6	61.6	4.5
SEW（g）	195	2 190	144	1 430.9	245.5
FBM（%）	194	2.8	0.8	1.3	0.3
FLM（%）	194	4.9	2	3.4	0.6
PBM（%）	194	27.4	16.8	24.7	1.3
PLM（%）	194	25.4	16.5	21.7	1
IBM（μg/mL）	194	1 243.1	244	863.4	228
ILM（μg/mL）	193	800.6	38.8	395.1	175.6

2. 与京海黄鸡屠宰及肉品质性状显著相关的 SNP 位点的筛选 研究共筛选出 31 个与

13个性状显著相关（P<1.80E-6）的SNP位点，详细结果总结于表126。筛选出影响屠宰性状SNP 27个，其中15个位于4号染色体的77.4-78.8Mb内，影响BW66（2个）、FW（6个）、WW（2个）、LMW（1个）、EW（2个）和SEW（2个）6个屠宰性状。与CW（1个）、BMW（2个）、AW（2个）、AWP（2个）和EWP（1个）关联的8个SNPs位于1、5、12、15、18和21号染色体上。还有4个SNPs分别位于3、5（2个）和7号染色体上，且与FW（2个）、WW（1个）和LMW（1个）的关联达显著水平。研究并未筛选到与BMWP和LMWP关联显著的位点。肉质性状中，筛选到影响FLM（3个）和IBM（1个）的SNPs 4个，位于1（2个）、2和4号染色体上，未筛选到与FBM、PBM、PLM和ILM关联显著的SNPs。此外，本研究还筛选出18个与屠宰和肉质性状潜在相关的SNPs共127个。未筛选到影响PBM的潜在SNPs显著位点。

表126　达到基因组水平显著的SNPs及其相关的最近基因

性状	SNP序列	染色体	位置（BP）	SNP	最小等位基因频率	最近基因（Kb）	P值
BW66	Gga_rs16023603	4	78802461	A/C	0.375	FAM184B	4.9E-08
BW66	Gga_rs14710787	4	78797460	G/A	0.354 8	FAM184B	5.38E-08
CW	Gga_rs15041845	18	7753425	G/A	0.478 5	RGS9	1.37E-06
FW	Gga_rs16023603	4	78802461	A/C	0.37 5	FAM184B	1.34E-09
FW	Gga_rs14710787	4	78797460	G/A	0.354 8	FAM184B	5.62E-09
FW	Gga_rs15540258	4	36254769	C/T	0.224 7	FAM13A	3.45E-08
FW	Gga_rs14623099	7	30395991	C/T	0.344 7	37U INSIG2	2.53E-07
FW	Gga_rs14490981	4	78563545	A/G	0.296 7	73U LCOR	3.91E-07
FW	Gga_rs14491150	4	79231811	C/T	0.206 3	LDB2	5.84E-07
FW	GGaluGA271489	5	78383	A/G	0.207 1	LOC428812	8.4E-07
FW	GGaluGA265809	4	77458029	T/C	0.432 9	KCNIP4	1.19E-06
WW	Gga_rs14710787	4	78797460	G/A	0.354 8	FAM184B	6.86E-08
WW	Gga_rs16023603	4	78802461	A/C	0.375	FAM184B	7.74E-08
WW	Gga_rs13755802	5	27089838	A/G	0.233 6	TYRO3	1.11E-06
BMW	Gga_rs15368284	1	107693816	T/C	0.298 7	GRIK1	9.96E-07
BMW	Gga_rs16036332	5	29307799	C/T	0.189 9	71ULOC101751706	1.32E-06
LMW	Gga_rs14398023	3	97227680	A/G	0.040 4	67DLOC100859361	1.21E-06
LMW	Gga_rs16023603	4	78802461	A/C	0.375	FAM184B	1.69E-06
AW	Gga_rs15630799	12	1355747	C/T	0.430 6	CACNA2D2	5.78E-07
AW	Gga_rs16179311	21	2710367	T/C	0.473 5	AGRN	1.62E-06
AWP	Gga_rs15630799	12	1355747	C/T	0.430 6	CACNA2D2	6.82E-08
AWP	Gga_rs14089935	15	4961260	A/G	0.311 4	ATP6V0A2	1.7E-06
EW	Gga_rs14710787	4	78797460	G/A	0.354 8	FAM184B	3.53E-07
EW	Gga_rs16023603	4	78802461	A/C	0.375	FAM184B	7.29E-07
EWP	Gga_rs13876251	1	63467131	C/T	0.376 9	CACNA1C	1.2E-06

（续）

性状	SNP 序列	染色体	位置（BP）	SNP	最小等位基因频率	最近基因（Kb）	P 值
SEW	Gga _ rs14710787	4	78797460	G/A	0.354 8	FAM184B	2.17E-07
SEW	Gga _ rs16023603	4	78802461	A/C	0.375	FAM184B	4.08E-07
FLM	Gga _ rs15544591	4	38388028	G/A	0.447	3DHPGDS	6.88E-07
FLM	GGaluGA052456	1	164862630	A/G	0.400 5	LOC100857868	1.00E-06
FLM	Gga _ rs15469825	1	164780516	C/T	0.402 8	75ULOC100857868	1.39E-06
IBM	Gga _ rs14262017	2	147410691	C/T	0.377 5	PHF20L1	5.29E-07

3. 与屠宰及肉品质性状显著相关的 SNP 位点的筛选 研究发现一些 SNP 不仅与某个屠宰性状关联显著，还与其他性状关联显著或潜在显著（表 127）。其中位于 4 号染色体 78.8Mb 附近的 Gga _ rs14710787 和 Gga _ rs16023603 与 7 个屠宰性状有关联。两个 SNPs 具有共同的基因 FAM184B。而位于 4 号染色体 78.6Mb 附近的 Gga _ rs14490981 与 BW66、FW、EW 和 SEW 4 个性状关联显著或潜在显著。此外，还有位于 1 号染色体上的 Gga _ rs15368284 与 BMW、LMW、EW 和 SEW 4 个性状关联显著或潜在显著，这些影响多个屠宰性状的 SNPs 也具有很高的研究价值。

表 127 影响 3 个以上屠宰及肉品质性状的 SNPs

SNP 序列号	染色体	位置（bp）	最近基因	性状	P 值
Gga _ rs15368284	1	107693816	GRIK1	BMW	9.96E-07
				LMW	3.12E-06
				EW	4.29E-06
				SEW	3.10E-06
Gga _ rs14490981	4	78563545	73 U LCOR	BW66	1.95E-05
				FW	3.91E-07
				EW	2.96E-05
				SEW	1.36E-05
Gga _ rs14710787	4	78797460	FAM184B	BW66	5.38E-08
				CW	3.42E-05
				FW	5.62E-09
				WW	6.86E-08
				LMW	2.76E-06
				EW	3.53E-07
				SEW	2.17E-07
Gga _ rs16023603	4	78802461	FAM184B	BW66	4.90E-08
				CW	2.74E-05
				FW	1.34E-09
				WW	7.74E-08
				LMW	1.69E-06
				EW	7.29E-07
				SEW	4.08E-07

第三章

京海黄鸡的开发应用

第一节　京海黄鸡配套系（杂交繁育体系）选育与开发应用原则

“配套系”这一概念是我国学者从实用及易于理解的角度采用的概念，国外称为“Hybrids”或“Crossbreeding”，文献中多采用“Commercial Line”一词，如“Commercial Chicken Line”。配套系狭义的概念是指以数组专门化品系（多为3或4个品系为一组）为亲本，通过杂交组合试验筛选出其中的一个组作为“最佳”杂交模式，再依此模式进行配套杂交所产生的商品畜禽，所以配套系又叫杂交繁育体系；广义的配套系是指依据经筛选的、且已固定的杂交模式，生产种畜禽与商品代畜禽的配套杂交体系。配套系的培育主要包括4个步骤：(1) 育种素材的搜集与评估；(2) 培育若干个专门化父系和母系；(3) 开展杂交组合试验，筛选“最佳”组合；(4) 进行配套杂交制种，将种畜禽推向市场。在以上4个环节中，缺少任何一个环节都不能称之为配套系育种。对杂交商品群而言，还具有3个方面的特色：(1) 结合了父、母品系的基因；(2) 可获得父母品系的特异基因间或等位基因间独特互作所形成的杂种优势；(3) 杂合子安全，可保护育种成果不被窃取。正因为杂交繁育体系的上述特点和优势，使其成为现代肉鸡生产的最主要的模式。与传统的家禽生产方式相比，配套系生产优质肉鸡可大大缩短育种年限，提高育种效率，增强育种对生产和市场需求的适应能力，可根据市场变化不断推出新的配套组合。国内外配套系生产肉鸡已成为主流，很多肉鸡育种单位都开发了自己的配套系，在国外，如美国的艾维茵（Avian）白羽肉鸡和爱拔益加（Arbor Acres）肉鸡、英国的罗斯褐（Ross Brown）肉鸡、德国的罗曼（lohmmn）肉鸡等；国内岭南黄配套系、江村黄鸡JH－2号配套系、JH－3配套系、新兴黄鸡Ⅱ号配套系、新兴矮脚黄鸡配套系等。

优质肉鸡京海黄鸡新品种具有小型、早熟、优质和抗逆等特点，京海黄鸡配套系的选育与开发本着既要有利于品种资源的保护，又要利于京海黄鸡新品种商用价值的开发，从而增强京海黄鸡对生产和市场需求的适应能力，并根据市场需求的变化推出新的优质型配套组合的原则进行。

第二节　京海黄鸡杂交繁育体系（配套）模式

由于各地对优质肉鸡消费需求的多样性，决定了优质肉鸡配套模式的多元化，因为某一个配套系产品不可能符合所有市场的需要。目前优质肉鸡育种的配套模式以两系配套和三

（或四）系配套为主，还有一些以单一的品系（群）不经配套组合直接用于商品肉鸡生产的模式，归纳起来最常见的生产杂交配套模式主要有以下 4 种类型，分别见图 5～图 8。

优良地方鸡种或培育品系C♂ × 外来鸡种D(如隐性白等)♀
↓
优良地方鸡种或培育品系A♂ × CD♀
↓
商品代ACD

图 5　配套模式一

纯合矮小型鸡C♂ × 优良地方鸡种或培育品系D♀
↓
优良地方鸡种或培育品系A♂ × CD♀
↓
商品代ACD

图 6　配套模式二

优良地方鸡种或培育品系C♂ × 培育品系D♀
↓
纯合矮小型鸡A♂ × CD♀
↓
商品代ACD

图 7　配套模式三

优良地方鸡种或培育品系A♂ × 优良地方鸡种或培育品系或外来鸡种D♀
↓
商品代AD

图 8　配套模式四

一般而言，快速型肉鸡通常采用配套模式一或模式二。模式一是采用国外隐性白鸡或隐性有色羽鸡，利用其高产蛋性能或生长性能，如法国 Hub - bard 的 JA57、Sasso 的 SA51 以及意大利 Kabir 公司的 K2700 等。模式二是将父母代的母鸡矮小化，可以降低种鸡成本，其中的 C 系或 D 系也有利用国外矮小型或隐性有色羽鸡品种，可以提高祖代场的经济效益。模式三和模式四多用于中速型优质肉鸡育种和生产。模式三的商品代公鸡是正常型，生长速度较快，而母鸡是优质矮小型，如温氏的“矮脚黄鸡”配套。这种配套特别适合对不同性别优质肉鸡品质要求不同的地区。据了解，目前国内还有很多优质肉鸡的育种和生产采用模式四，如江苏省家禽科学研究所利用矮小型品系和优质地方鸡培育的“邵伯鸡”等。模式四实质是简单的经济杂交利用，采用这种模式种鸡生产周期短，进行育种和生产的维持较为容易，一般母本选择产蛋性能好的品系（种），父本选用生长速度快的品系（种）或优良地方鸡种，国内很多市场上的肉杂鸡也是采用这种模式生产出来的，只是它们不需进行育种工作而已。除此之外，还有一些优质肉鸡由于各种原因没有采用配套方式，如广东的清远麻鸡、怀乡鸡以及江西的崇仁麻鸡等地方品种经过选育纯化后，直接生产商品肉鸡。

根据优质京海黄鸡的小型、早熟、肉质好等特点，可以将其作为培育杂交配套系的父本或母本加以利用，主要根据制种模式三，先开展两系配套研究，再利用二系配套结果进行三系、四系配套试验，形成系列化杂交配套模式，生产商品禽产品以满足市场的需求。但不引进国外肉鸡品种的血统。

第三节　京海黄鸡二系配套研究

一、二系杂交配套组合设计

课题组运用京海黄鸡资源场经过多个世代闭锁群家系选育的 AA、BB、CC、DD、EE、GG、SS、W_1W_1 和 W_2W_2 等 9 个肉鸡品系与京海黄鸡八世代核心群 JJ 进行不完全双列杂交实验，形成包括纯系在内的 21 个组合，测定 1～10 周龄各周龄体重、10 周末的饲料报酬和成活力的杂种优势率。杂交组合设计如表 128，试验鸡采用的日粮营养水平见表 129。

表 128　杂交组合设计

	AA	BB	CC	DD	EE	GG	SS	W_1W_1	W_2W_2	JJ
AA	AA									AJ
BB		BB								BJ
CC			CC							CJ
DD				DD						DJ
EE					EE					EJ
GG						GG				GJ
SS							SS			SJ
W_1W_1								W_1W_1		W_1J
W_2W_2									W_2W_2	W_2J
JJ								JW1	JW_2	JJ

表 129　日粮营养水平

营养成分	育雏期（0 周龄～3 周龄）	育成期（4 周龄～10 周龄）
代谢能（MJ/kg）	11.30～11.92	10.88～11.71
蛋白质（%）	18.0～18.5	14.5～15.0
钙（%）	0.90	0.75
有效磷（%）	0.5	0.45
蛋氨酸（%）	0.44	0.34
蛋氨酸+胱氨酸（%）	0.75	0.60
精氨酸（%）	0.95	0.90
赖氨酸（%）	0.95	0.70

二、不同组合商品鸡各周龄体重及杂种优势率

表 130 是用于杂交的不同亲本各周龄体重。表 131 是不同组合商品鸡各周龄体重及杂种

优势率。由表131可见，在所有的杂交组合中，B×J组合各周龄体重的杂种优势率最大，其次是A×J。B×J组合1～10周龄体重的杂种优势率均为正向，9周龄体重的杂种优势率最大，为41.39%，其次为4周龄和8周龄，杂种优势率分别为38.04%和36.18%。A×J组合各周龄体重的杂种优势率也均为正向，9周龄体重杂种优势率最大，为26.47%。E×J和G×J表现出相同的杂种优势趋势，1～3周龄体重的杂种优势率为负向，4～10周龄的杂种优势率为正向。S×J、W_2×J和J×W_1组合表现出相同的杂种优势的趋势，1～9周龄体重的杂种优势率为负向，10周龄的杂种优势率为正向。W_1×J表现出杂种优势的趋势为1～8周龄为负向，C×J表现出的杂种优势率为1～2周龄为负向，8～10为正向。J×W_2和D×J组合表现出1～7周龄体重的杂种优势率为负向，8～10周龄为正向。W_2×J组合在2和3周龄时，体重的负向杂种优势率超过40%，分别为－40.22%和－42.37%。由表130、表131和图9可以看出，在21种组合中，S×S组合的各周龄体重均高于其他组合（2周龄时，仅SS组合的体重低于C×C组合）。

表130　不同亲本试验鸡各周龄体重

周龄	J×J (297) (g)	A×A (561) (g)	B×B (461) (g)	C×C (409) (g)	D×D (878) (g)	E×E (535) (g)	G×G (572) (g)	S×S (589) (g)	W1×W1 (305) (g)	W2×W2 (303) (g)
1	55.50	76.50	77.03	86.34	84.16	65.88	65.59	91.35	65.76	82.50
2	105.50	172.11	174.46	216.53	187.07	151.00	146.00	187.50	120.24	160.63
3	172.50	273.23	292.23	314.25	296.33	242.61	238.54	378.13	195.73	260.62
4	234.50	382.19	380.50	418.63	399.62	303.65	331.88	527.50	280.54	375.67
5	309.00	557.50	581.50	648.75	612.62	434.44	418.63	649.43	380.48	500.85
6	398.00	760.76	733.88	805.64	767.18	549.43	611.75	830.76	480.59	610.11
7	543.00	1 013.36	879.50	1 094.54	1 033.66	697.39	805.64	1 241.76	570.21	705.83
8	646.00	1 157.50	1 063.72	1 275.46	1 204.78	954.64	1 054.54	1 410.33	655.27	790.43
9	743.00	1 356.74	1 229.50	1 422.92	1 387.55	1 132.75	1 275.46	1 655.56	730.56	875.29
10	847.50	1 544.50	1 477.50	1 610.11	1 576.25	1 396.92	1 422.92	1 899.51	805.81	960.16

注：括号内数值为参试群体的样本含量。

三、不同组合商品鸡饲料转化比和成活率杂种优势率分析

各组合商品鸡饲料转化比的杂种优势率结果见表132和图11。如表132和图11可见，纯系W_1×W_1组合的饲料转化比最大，为3.35；J×J组合各期饲料转化比其次，为3.25；饲料转化比最低的为S×S，为2.18。杂交组合以J×W_1组合饲料转化比最大，达2.91；B×J组合其次，为2.76；J×W_2组合的饲料转化比最低，为2.20。试验期所有杂交组合的累积饲料报酬均表现出杂种优势：10周龄时，J×W_2组合的饲料报酬最高，杂种优势率也最大，为31.57%；W_2×J组合的饲料报酬的杂种优势率其次，为26.59%；E×J组合饲料报酬的杂种优势率最低，为7.05%。

各组合商品鸡成活率的杂种优势率结果见表132和图12。由表132和图12可见，纯系中以J×J的成活率最高，达97.5%；G×G的成活率最低，为85.30%。11个杂交组合中，

表 131 不同杂交组合试验鸡各周龄体重及其杂种优势率

周龄	A×J(334)		B×J(305)		C×J(326)		D×J(316)		E×J(290)		G×J(303)		S×J(294)		W_1×J(304)		W_2×J(296)		J×W_1(292)		J×W_2(291)	
	体重(g)	优势率(%)	体重(g)	优势率(%)	体重(g)	优势率(%)	体重(g)	优势率(%)	体重(g)	优势率(%)	体重(g)	优势率(%)	体重(g)	优势率(%)	体重(g)	优势率(%)	体重(g)	优势率(%)	体重(g)	优势率(%)	体重(g)	优势率(%)
1	67.17	1.77	76.72	15.78	68.04	−4.07	58.86	−15.71	56.91	−6.23	57.90	−4.37	58.14	−20.82	49.97	−17.58	48.36	−29.91	43.61	−28.07	48.22	−30.12
2	142.58	2.72	159.33	13.82	142.22	−11.68	117.14	−19.93	109.41	−14.69	117.90	−6.24	115.27	−21.32	86.29	−23.55	79.54	−40.22	74.66	−33.85	93.23	−29.94
3	244.05	9.51	287.55	23.75	243.96	0.24	208.66	−10.99	195.27	−5.92	202.55	−1.45	207.36	−24.68	136.39	−25.92	124.81	−42.37	118.90	−35.42	151.19	−30.19
4	375.02	21.62	424.46	38.04	370.43	13.43	311.54	−1.74	282.27	4.90	312.80	10.46	311.62	−18.21	199.74	−22.44	188.56	−38.19	190.02	−26.21	245.69	−19.47
5	494.62	14.17	555.50	24.76	499.15	4.23	434.86	−5.63	376.16	1.19	410.83	12.92	396.78	−17.2	283.41	−17.79	276.16	−31.8	272.18	−21.05	338.13	−16.5
6	662.74	14.39	733.44	29.60	666.43	10.74	580.38	−0.38	479.85	1.30	505.88	0.20	495.26	−19.39	356.41	−18.87	365.22	−27.54	341.03	−22.37	422.49	−16.18
7	872.91	12.17	959.91	34..96	867.07	5.90	758.55	−3.78	628.85	1.40	682.63	1.23	650.63	−27.09	460.94	−17.19	493.07	−21.03	423.06	−23.99	558.70	−10.52
8	1 107.18	22.78	1 164.17	36.81	1 063.61	10.71	955.74	3.28	834.80	4.31	882.60	3.80	888.13	−13.62	603.11	−7.3	602.01	−16.18	548.32	−15.73	746.23	3.9
9	1 327.80	26.47	1 394.50	41.39	1 291.11	19.22	1 152.64	8.20	1 026.71	9.47	1 079.76	6.99	1 093.13	−8.85	743.90	0.97	747.32	−7.64	679.71	−7.75	881.99	9.0
10	1 490.30	24.61	1 557.50	33.98	1 436.20	16.88	1 382.94	14.12	1 298.65	15.72	1 345.23	18.50	1 387.70	1.03	938.74	13.56	935.00	3.45	834.52	0.95	1 069.70	18.35

注:括号内数值为参试群体的样本含量。

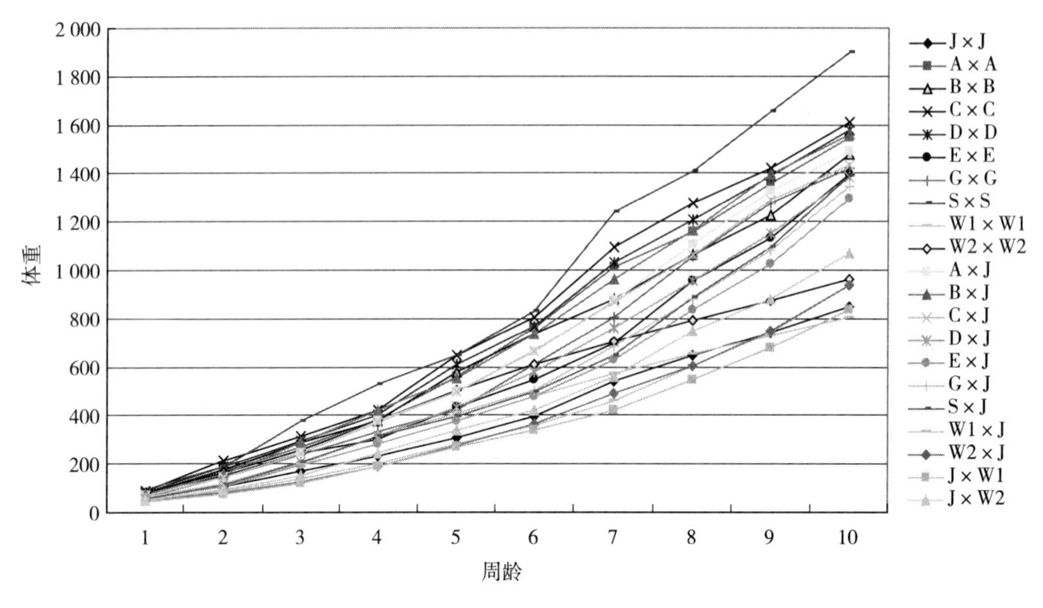

图 9　各组合不同周龄体重

1～10 周龄的成活率均超过 94%。以 W_2×J 的成活率最高，达 98.98%，杂种优势率为 2.28%。11 个组合中以 G×J 组合的成活率杂种优势率最高，为 5.08%。

表 132　不同组合饲料转化比、成活力及其杂种优势率

组合	累积饲料报酬		全期成活率	
	饲料转化比	优势率（%）	成活率（%）	优势率（%）
J×J	3.25		97.50	
A×A	2.78		94.50	
B×B	2.81		87.40	
C×C	2.85		93.40	
D×D	2.95		90.70	
E×E	2.28		94.60	
G×G	2.31		85.30	
S×S	2.18		93.16	
W_1×W_1	3.35		95.47	
W_2×W_2	3.18		96.04	
A×J	2.66	−11.63	97.27	1.33
B×J	2.76	−8.99	98.06	6.07
C×J	2.79	−8.39	98.70	3.40
D×J	2.67	−13.94	97.47	3.58
E×J	2.57	−7.05	98.28	2.32
G×J	2.39	−14.03	96.04	5.08
S×J	2.28	−16.02	98.97	3.82
W_1×J	2.46	−24.45	94.08	−2.49
W_2×J	2.36	−26.59	98.98	2.28
J×W_1	2.91	−11.82	95.89	−0.62
J×W_2	2.20	−31.57	96.22	−0.57

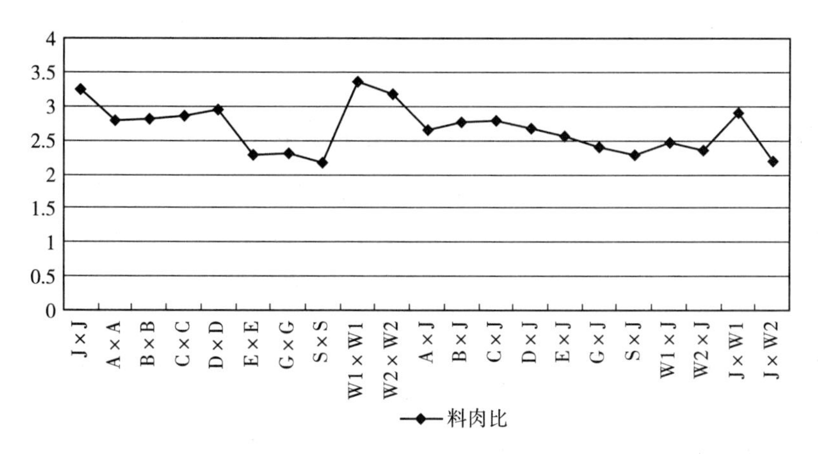

图 10　各组合饲料转化比对比

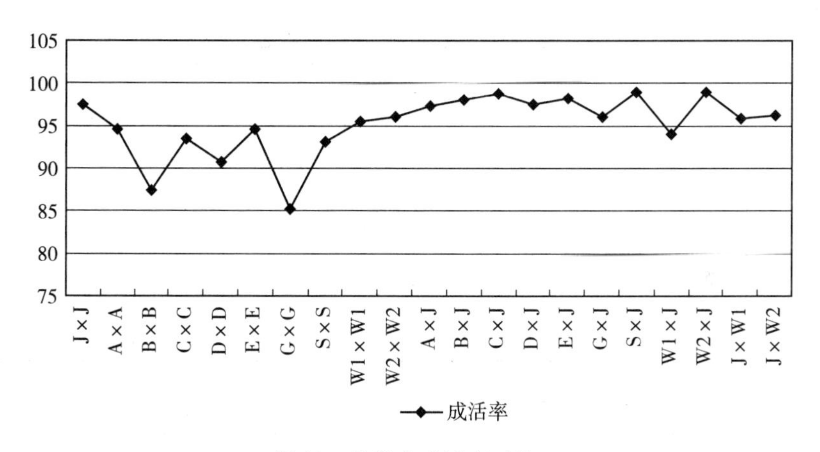

图 11　各组合成活率对比

考虑到完全双列杂交工作复杂，AA、BB、CC、DD、EE、GG 和 SS 的产蛋率均很低，结合育种目标和育种方向，选择产蛋率高的 W_1W_1、W_2W_2 和 JJ 作为母本，采用不完全双列杂交试验。结果表明：A×J 和 B×J 组合 10 周龄平均体重均大于 1 490g，累积饲料报酬分别为 2.66∶1 和 2.76∶1，10 周龄成活率超过 97%，于 2009 年起筛选出 A×J 和 B×J 作为推广组合，4 年来（至 2013 年）共推广 4 000 余万羽两系杂交苗鸡。S×J 组合 10 周龄平均体重为 1 387.70g，累积饲料报酬为 2.28，成活率为 98.70%，主翼羽、尾羽和颈羽为黑羽。结合 S×J 组合生长速度和体型外貌等性状，2010 年起筛选 S×J 为推广组合，到 2013 年共推广 250 余万只两系苗鸡。据部分追踪及反馈资料证明，3 个优秀组合的饲料报酬均超过试验结果，这 3 个组合在江苏省不少地区推广试验中均表现出优良的生产性能。

第四节　京海黄鸡三系配套研究

一、三系杂交配套组合设计

课题组利用京海黄鸡资源场经过多个世代闭锁选育的 FF、AA、BB、WW 系以及京海黄鸡 JJ 核心群种鸡，配套产生杂交一代 AJ、BJ，以 AJ 和 BJ 为母本配套产生三系配套商品代 FAJ、AAJ 和 WBJ。测定纯系以及三系配套商品代的 2、4、6、8、9 周龄的体重、累积饲料转化比和成活率。

二、祖代、三系配套商品代公母鸡体重及杂种优势率

祖代、三系配套商品代公鸡各周龄体重及杂种优势率见表 133、134。由表 133 可见，纯系公鸡中 J 系的各周龄体重最低，W 系的各周龄体重最高（2 周龄除外），三系配套商品代公鸡的各周龄体重比较接近。由表 134 可见，杂交形成的 3 个三系配套系（FAJ、AAJ 和 WBJ）各周龄体重均有较高的杂种优势率。比较而言，WBJ 配套系各周龄体重的杂种优势率最低，杂种优势率在 21.27%～45.99%；AAJ 配套系各周龄体重的杂种优势率均在 52.00%以上，在 6 周龄时，杂种优势率高达 131.41%；FAJ 系也具有很高的杂种优势，随着周龄的增加杂种优势率呈上升趋势，6 周龄后体重的杂种优势率都在 92.00%以上。

表 133 纯系公鸡各周龄体重

周龄	纯系体重（g）				
	F 系	A 系	B 系	W 系	J 系
2	159.02±15.34	134.70±12.91	191.32±18.99	159.31 ±14.47	93.53±9.17
4	443.50±40.03	347.90±34.35	455.75±27.45	470.65 ±31.55	216.70±20.61
6	703.16±73.28	464.88±45.02	689.71±67.73	974.00 ±96.04	388.40±37.75
8	900.98±62.78	896.32±87.20	1 052.99±101.00	1 418.60±137.89	626.84±59.64
9	1 066.28±92.98	1 079.49±90.47	1 220.57±117.42	1 736.10±167.88	752.77±68.82

表 134 三系配套公鸡各周龄体重及杂种优势率

周龄	FAJ		AAJ		WBJ	
	体重（g）	杂种优势率（%）	体重（g）	杂种优势率（%）	体重（g）	杂种优势率（%）
2	188.02±29.07	45.66	184.32±25.93	52.36	179.54 ±25.16	21.27
4	576.81±85.62	71.65	584.66±88.37	92.22	556.28 ±92.35	45.99
6	1 000.51±145.21	92.85	1 016.77±145.77	131.41	986.73±157.71	44.25
8	1 560.79±242.04	93.16	1 501.79±230.41	86.21	1 542.71±271.18	49.37
9	1 879.55±234.27	94.53	1 837.12±255.24	89.28	1 801.76±272.21	45.72

祖代、三系配套商品代母鸡各周龄体重及杂种优势率见表 135、136。由表可知，纯系和三系配套的母鸡各周龄体重与公鸡具有相同的规律：纯系 J 系的各周龄体重最低，W 系的各周龄体重最高（2 周龄除外），3 个三系配套商品代间各周龄体重比较接近。由表 136 可见，杂交形成的 3 个三系配套系（FAJ、AAJ 和 WBJ）各周龄体重均有较高的杂种优势率。比较而言，WBJ 配套系各周龄体重的杂种优势率最低，杂种优势率在 20.90%～33.14%；AAJ 配套系各周龄体重的杂种优势率均在 40.00%以上，随着周龄的增加杂种优势率呈上升趋势，在 9 周龄时，杂种优势率高达 101.57%；FAJ 系也具有很高的杂种优势，6 周龄后体重的杂种优势率都在 60.00%以上。

表 135 纯系母鸡各周龄体重

周龄	F系	A系	B系	W系	J系
2	147.85±13.11	138.68±13.71	176.50±17.15	159.30±15.44	77.64±7.57
4	403.68±36.37	349.35±33.48	441.07±42.84	470.65±46.08	196.89±18.9
6	566.35±51.04	478.60±47.49	628.32±61.5	974.00±95.74	316.92±30.57
8	950.53±57.60	696.92±52.19	885.57±87.93	1 418.60±140.87	493.71±46.32
9	1 044.05±74.08	823.16±73.49	1 054.23±102.43	1 736.1±166.49	590.24±50.14

表 136 三系配套母鸡各周龄体重及杂种优势率

周龄	FAJ		AAJ		WBJ	
	体重（g）	杂种优势率（%）	体重（g）	杂种优势率（%）	体重（g）	杂种优势率（%）
2	167.58±25.77	38.05	166.34±26.23	40.57	166.62±17.51	20.90
4	507.94±81.03	60.42	500.59±72.58	67.68	485.70±77.52	31.43
6	858.02±127.51	89.01	835.38±126.58	96.70	816.47±136.46	27.62
8	1 256.63±207.08	76.07	1 238.30±187.52	96.81	1 241.67±181.74	33.14
9	1 569.94±290.7	91.65	1 502.73±226.58	101.57	1 446.21±235.81	28.34

三、祖代、三系配套商品代公母鸡累积饲料转化比及杂种优势率

祖代、三系配套商品代公鸡各周龄累积饲料转化比及杂种优势率见表 137、138。由表可知，纯系公鸡中 J 系的各周龄累积饲料转化比最高；三系配套商品代公鸡中 WBJ 各周龄的累积饲料转化比最低。杂交形成的 3 个三系配套系（FAJ、AAJ 和 WBJ）各周龄累积饲料转化比均有较高的杂种优势率，即三系配套系的公鸡与纯系相比具有耗料少的优点。AAJ 和 WBJ 各周龄累积饲料转化比的杂种优势率均在 12%以上（除去第 9 周），在第 4 周时，AAJ 和 WBJ 各周龄累积饲料转化比的杂种优势率都达到最大值，分别为 26.91%和 32.46%。FAJ 在第 2 周时累积饲料转化比的杂种优势率最大，为 20.04%。

表 137 纯系公鸡各周龄累积饲料转化比

周龄	F系	A系	B系	W系	J系
2	1.61	1.68	1.59	1.6	1.70
4	1.82	2.03	1.80	1.71	2.22
6	2.08	2.50	2.12	2.09	2.73
8	2.54	2.50	2.48	2.24	3.09
9	2.38	2.26	2.33	2.32	2.78

祖代、三系配套商品代母鸡各周龄累积饲料转化比及杂种优势率见表 139、表 140。由表可知，纯系以及三系配套商品代母鸡品系间累积饲料转化比的高低呈现动态变化。杂交形成的 3 个三系配套系（FAJ、AAJ 和 WBJ）各周龄累积饲料转化比大都具有较高的杂种优

势率，即三系配套系的母鸡与纯系相比也具有耗料少的优点。FAJ 累积饲料转化比的杂种优势率都在 10%以上；WBJ 累积饲料转化比的杂种优势率在 6.33%～24.29%；AAJ 累积饲料转化比在 2、4 和 8 周时表现出杂种优势，而在 6 和 9 周时表现出杂种劣势，即 AAJ 配套系在此时耗料较多。

表 138 三系配套公鸡累积饲料转化比及杂种优势率

周龄	FAJ		AAJ		WBJ	
	饲料转化比	杂种优势率（%）	饲料转化比	杂种优势率（%）	饲料转化比	杂种优势率（%）
2	1.33	－20.04	1.36	－19.37	1.28	－21.47
4	1.72	－14.99	1.53	－26.91	1.29	－32.46
6	2.25	－7.66	2.12	－17.72	2.02	－12.68
8	2.35	－13.28	2.34	－13.23	2.10	－19.33
9	2.42	－2.16	2.40	－1.37	2.30	－7.13

表 139 纯系母鸡各周龄累积饲料转化比

周龄	F 系	A 系	B 系	W 系	J 系
2	1.64	1.54	1.56	1.45	1.54
4	1.85	1.94	1.82	1.62	1.87
6	2.19	2.37	2.20	2.07	2.40
8	2.22	2.48	2.52	2.26	2.53
9	2.32	2.42	2.24	2.47	2.72

表 140 三系配套母鸡累积饲料转化比及杂种优势率

周龄	FAJ		AAJ		WBJ	
	饲料转化比	杂种优势率（%）	饲料转化比	杂种优势率（%）	饲料转化比	杂种优势率（%）
2	1.03	－34.53	1.32	－14.29	1.32	－12.97
4	1.50	－20.49	1.82	－5.04	1.34	－24.29
6	1.97	－15.09	2.39	0.42	2.01	－9.60
8	2.16	－10.37	2.41	－3.47	2.14	－12.18
9	2.14	－13.94	2.58	2.38	2.32	－6.33

四、祖代、三系配套商品代公母鸡成活率及杂种优势率

祖代、三系配套商品代公鸡成活率及杂种优势率见表 141、表 142。由表可知，纯系公鸡各周龄累积成活率均在 90%以上。三系配套商品代公鸡的累积成活率均在 95%以上，其

中 WBJ 的累积成活率高达 100%。由表 142 可知，相比较而言，WBJ 累积成活率的杂种优势率最高，在 2.04%～7.82%。FAJ 在各周龄表现出较低的杂种优势，在 0.48%～2.46%。AAJ 仅在 8 和 9 周表现出微弱的杂种优势，在 2～6 周时累积成活率表现出杂种劣势。

表 141　各纯系公鸡累积成活率

周龄	F 系成活率（%）	A 系成活率（%）	B 系成活率（%）	W 系成活率（%）	J 系成活率（%）
2	97.96	98.61	97.34	97.06	99.60
4	97.31	97.31	96.18	96.27	99.20
6	94.99	96.48	94.45	95.88	98.50
8	94.25	95.65	92.83	93.73	94.40
9	94.25	95.37	92.49	91.96	93.80

表 142　三系配套公鸡累积成活率及杂种优势率

周龄	FAJ		AAJ		WBJ	
	成活率（%）	杂种优势率（%）	成活率（%）	杂种优势率（%）	成活率（%）	杂种优势率（%）
2	99.20	0.48	98.50	−0.44	100.00	2.04
4	98.40	0.47	97.00	−0.96	100.00	2.86
6	98.00	1.39	97.00	−0.16	100.00	3.87
8	96.80	2.15	95.50	0.28	100.00	6.78
9	96.80	2.46	95.50	0.69	100.00	7.82

祖代、三系配套商品代母鸡成活率及杂种优势率见表 143、144。由表 143 可知，纯系母鸡除了 A 系的 8 和 9 周外，其余各品系各周龄的累积成活率均在 92%以上。三系配套商品代母鸡的累积成活率均在 97%以上。由表 144 可知，相比较而言，FAJ 和 AAJ 各周龄累积成活率表现出较高的杂种优势，在第 9 周时，两者累积成活率的杂种优势率达到最高值，分别为 8.18%和 12.84%。WBJ 累积成活率的杂种优势率较低，在 8 和 9 周时分别为 4.15%和 4.21%，在 4 周时表现出微弱的杂种劣势。

表 143　各纯系母鸡累积成活率

周龄	F 系成活率（%）	A 系成活率（%）	B 系成活率（%）	W 系成活率（%）	J 系成活率（%）
2	98.40	98.78	98.93	98.65	99.04
4	97.89	97.64	98.25	98.10	98.34
6	95.95	95.61	97.28	97.52	97.93
8	94.35	84.54	95.34	95.00	92.13
9	94.01	83.56	95.24	95.00	92.06

表 144　三系配套母鸡累积成活率及杂种优势率

周龄	FAJ		AAJ		WBJ	
	成活率（%）	杂种优势率（%）	成活率（%）	杂种优势率（%）	成活率（%）	杂种优势率（%）
2	100.00	1.28	99.50	0.64	99.03	0.16
4	98.62	0.68	98.49	0.63	98.06	−0.17
6	97.58	1.12	97.99	1.67	98.06	0.50
8	97.58	8.01	97.99	12.54	98.06	4.15
9	97.23	8.18	97.49	12.84	98.06	4.21

第四章

京海黄鸡新品种生产技术规范

第一节　鸡蛋蛋清中溶菌酶的测定　分光光度法
——中华人民共和国国家标准

ICS 65.020.30

B 43

GB

中华人民共和国国家标准

GB/T 25879—2010

鸡蛋蛋清中溶菌酶的测定
分光光度法

Determination of Iysozyme in chicken egg white—Spectrophotometry

2011-01-10 发布　　　　2011-06-01 实施

中华人民共和国国家质量监督检验检疫总局　发布
中国国家标准化管理委员会

前　言

本标准由中华人民共和国农业部提出。

本标准由全国畜牧业标准化技术委员会归口。

本标准起草单位：扬州大学动物科学与技术学院。

本标准主要起草人：王金玉、谢恺舟、戴国俊、侯启瑞、刘大林。

鸡蛋蛋清中溶菌酶的测定
分光光度法

1　范围

本标准规定了鸡蛋蛋清中溶菌酶的分光光度测定方法。

本标准适用于鸡蛋蛋清中溶菌酶含量和活力的测定。

2　规范性引用文件

下列文件中的条款通过本标准的引用而成为本标准的条款。凡是注日期的引用文件，其随后所有的修改单（不包括勘误的内容）或修订版均不适用于本标准，然而，鼓励根据本标准达成协议的各方研究是否可使用这些文件的最新版本。凡是不注日期的引用文件，其最新版本适用于本标准。

GB/T 6682　分析实验室用水规格和试验方法

3　术语和定义

下列术语和定义适用于本标准。

3.1

蛋清　egg white

位于鸡蛋蛋壳内膜和蛋黄膜之间的半流动胶体物质。

3.2

溶菌酶　Iysozyme

一种专门作用于微生物细胞壁的糖苷水解酶。

4　鸡蛋蛋清中溶菌酶含量的测定

4.1　原理

溶菌酶在281nm波长处有最大吸收峰。溶菌酶标准品用每升溶液含9g氯化钠的溶液溶解并稀释成不同梯度浓度，在281nm波长处测定吸光度并绘制标准曲线，求出标准曲线回归方程。试样经过处理，按溶菌酶标准品测定方法，测定试样中的吸光度，根据其吸光度值由标准曲线回归方程计算试样中溶菌酶含量。

4.2　仪器

4.2.1　紫外-可见分光光度计（波长范围190～900nm，波长确定性±0.3nm，波长重复精度±0.1nm）。

4.2.2　电子分析天平（感量0.1mg、1mg）

4.2.3 离心机（最大离心力 2 325g，具 10mL 离心管）。

4.3 试剂与材料

4.3.1 溶菌酶标准品，优级纯，活力在 20 000U/mg 左右。

4.3.2 氯化钠，分析纯。

4.3.3 蒸馏水，按 GB/T 6682 执行。

4.3.4 医用脱脂纱布。

4.4 试剂配制

4.4.1 0.9%氯化钠溶液：称取氯化钠（4.3.2）0.9g，溶解于蒸馏水中，定容至 100mL。

4.4.2 溶菌酶标准工作液：称取溶菌酶标准品（4.3.1）0.500g，以 0.9%氯化钠溶液（4.4.1）溶解定容至 1 000mL，得到 500μg/mL 的溶菌酶标准工作液，于 4℃密封保存备用，1 周内使用。

4.5 分析步骤

4.5.1 标准曲线的绘制

分别吸取溶菌酶标准工作液（4.4.2）1mL、2mL、3mL、4mL、5mL 于 25mL 容量瓶中，以 0.9%氯化钠溶液（4.4.1）稀释至刻度，混匀。用 10mm 石英比色皿比色，以 0.9%氯化钠溶液（4.4.1）为参比溶液，在波长 281nm 处依次测定各标准工作液的吸光度，以溶菌酶标准工作液浓度为横坐标，吸光度为纵坐标绘制标准曲线，并求出标准曲线回归方程。

4.5.2 试样测定

鸡蛋蛋清用 4 层纱布过滤，取过滤试样 1mL，用 0.9%氯化钠溶液稀释定容至 100mL，混匀，避免起泡沫。吸取 5mL 蛋清的氯化钠溶液，1 310*g* 离心 5min，取上清液，按照绘制标准曲线的操作步骤（4.5.1），在波长 281nm 处测定试样溶液的吸光度。平行测定三次，取结果的算术平均值，由标准曲线回归方程计算试样溶液中溶菌酶的浓度。

4.6 结果的计算与表述

根据试样溶液吸光度值，用标准曲线回归方程计算试样溶液中溶菌酶的浓度 c。鸡蛋蛋清中溶菌酶的含量按式（1）计算：

$$X = c \times \frac{V}{V_1} \qquad \cdots\cdots(1)$$

式中：

X——鸡蛋蛋清中溶菌酶的含量，单位为微克每毫升（μg/mL）；

c——试样溶液中溶菌酶的浓度，单位为微克每毫升（μg/mL）；

V——试样溶液定容的体积，单位为毫升（mL）；

V_1——试样的体积，单位为毫升（mL）。

4.7 精密度、准确度、灵敏度

4.7.1 精密度

本方法检测鸡蛋蛋清中溶菌酶含量的批内变异系数 $CV \leqslant 3\%$，批间变异系数 $CV \leqslant 5\%$。

4.7.2 准确度

鸡蛋蛋清溶液中添加溶菌酶标准品浓度在 20μg/mL～60μg/mL 范围内，回收率≥95%。

4.7.3 灵敏度

本方法检测鸡蛋蛋清溶液中溶菌酶含量的最低检测限为 0.3μg/mL。

5 鸡蛋蛋清中溶菌酶活力的测定

5.1 原理

溶菌酶通过溶解 G^+ 菌的细胞壁使细菌溶解，菌液在可见光范围内的吸光度降低。酶的活力表示为在特定条件下单位时间内转化底物的速度。本标准根据该原理，以溶壁微球菌为底物，用分光光度法，以 450nm 波长处菌液单位时间内吸光度降低程度为依据，测定溶菌酶的活力。

5.2 仪器

5.2.1 紫外-可见分光光度计（波长范围 190nm～900nm，波长确定性±0.3nm，波长重复精度±0.1nm）。

5.2.2 电子分析天平（感量 0.1mg、1mg）。

5.2.3 摇床（控温范围 0～100℃，转速振幅：0～300r/min）。

5.2.4 pH 计（精密度±0.01）。

5.2.5 离心机（最大离心力 2 325*g*，具 10mL 离心管）。

5.2.6 高压灭菌锅。

5.2.7 超低温冰箱。

5.3 试剂与材料

5.3.1 氯化钠，分析纯。

5.3.2 甘油（丙三醇），分析纯。

5.3.3 磷酸氢二钠，分析纯。

5.3.4 磷酸二氢钠，分析纯。

5.3.5 牛肉膏，生化试剂。

5.3.6 蛋白胨，生化试剂。

5.3.7 酵母提取物，生化试剂。

5.3.8 琼脂，生化试剂。

5.3.9 溶壁微球菌（*Micrococcus lysodeikticus* Fleming）。

5.4 试剂配制与培养基制备

5.4.1 0.9%氯化钠溶液：称取氯化钠 0.9g，溶解于蒸馏水中，定容至 100mL，121℃高压灭菌 30min。

5.4.2 20%甘油（丙三醇）溶液：称取甘油 20.0g，溶解于蒸馏水中，定容至 100mL，121℃高压灭菌 30min。

5.4.3 0.2mol/L pH6.2 磷酸盐缓冲液：称取磷酸氢二钠（$Na_2HPO_4 \cdot 12H_2O$）71.63g，用蒸馏水溶解定容至 1 000mL；称取磷酸二氢钠（$NaH_2PO_4 \cdot 2H_2O$）33.00g，蒸馏水溶解并定容至 1 000mL。取 Na_2HPO_4 溶液 18.5mL 与 NaH_2PO_4 溶液 81.5mL 混合，混匀即可。

5.4.4 固体培养基：牛肉膏 0.3g、蛋白胨 1.0g、氯化钠 0.5g 溶解于 100mL 水中，各组分溶解后，加入琼脂 2.0g，持续搅拌至琼脂完全溶解，用 1mol/L 氢氧化钠调整 pH 至 7.2～7.4，并用水定容至 100mL，分装在试管里，每管液量为 15mL～20mL，加棉花塞，121℃高压灭菌 30min 后，倒入培养皿中加盖，冷却至室温。

5.4.5 液体 LB 培养基：蛋白胨 1.0g、酵母提取物 0.5g、氯化钠 1.0g 溶解于 100mL 水中，用 1mol/L 氢氧化钠调整 pH 至 7.2～7.4，分装在试管里，121℃高压蒸汽灭菌 30min。

5.5 分析步骤

5.5.1 菌液的制备

将溶壁微球菌（5.3.9）先接种于灭菌的固体培养基（5.4.4）中活化和扩大培养，再接种于灭菌的液体 LB 培养基（5.4.5）中，37℃摇床培养至菌体增殖，培养 9h～10h，将培养液1 310*g* 离心 10min，收集沉淀的菌体。该菌体加入 3 倍体积灭菌的 0.9%氯化钠溶液（5.4.1）悬浮，1 310*g* 离心 10min，收集沉淀的菌体，重复 4～5 次。再用 20%甘油溶液（5.4.2）将菌体制成黏稠状，置于－60℃保存，半年内使用。

使用前，用磷酸盐缓冲液（5.4.3）溶解溶壁微球菌，调至 OD_{450}吸光度值范围在 1.2～1.4，2℃～8℃放置。

5.5.2 鸡蛋蛋清溶液的制备

鸡蛋蛋清用 4 层纱布过滤。取过滤试样 1mL，用磷酸盐缓冲液（5.4.3）定容至 100mL，1 310*g* 离心 5min 除去不溶物。

5.5.3 试样测定

按 4.5 的方法，在 281nm 波长处测定鸡蛋蛋清溶液的吸光度，并计算蛋清溶液中的溶菌酶浓度 *c*。鸡蛋蛋清溶液、菌液于 25℃水浴中保温，在 450nm 波长处测定酶活力。

第二节　京海黄鸡——江苏省地方标准

ICS 65.020.30
B 43
备案号：

DB32

江 苏 省 地 方 标 准

DB32/T 1836—2011

京 海 黄 鸡

Jinghai Yellow Chicken

2011-07-30 发布　　2011-10-30 实施

江苏省质量技术监督局 发布

前　言

京海黄鸡是由江苏京海禽业集团有限公司、扬州大学和江苏省畜牧总站（原江苏省畜牧兽医总站）共同培育，于2006年通过江苏省审定、2009年通过国家审定的优质肉鸡新品种。为规范京海黄鸡的评定与生产经营，特制定本标准。

本标准按GB/T 1.1—2009《标准化工作导则　第1部分：标准的结构与编写》编写。

本标准附录A为资料性附录。

本标准由扬州大学提出。

本标准由扬州大学动物科学与技术学院、江苏京海禽业集团有限公司起草。

本标准主要起草人：谢恺舟、王金玉、戴国俊、顾云飞、顾玉萍、施会强、陈建平、俞亚波、赵同峰、张跟喜。

京 海 黄 鸡

1 范围

本标准规定了京海黄鸡外貌特征、体重与体尺、生产性能和测定方法。

本标准适用于京海黄鸡。

2 规范性引用文件

下列文件对于本文件的应用是必不可少的。凡是注日期的引用文件，仅注日期的版本适用于本文件。凡是不注日期的引用文件，其最新版本（包括所有的修改单）适用于本文件。

NY/T 33—2004 鸡饲养标准

NY/T 823—2004 家禽生产性能术语名称和度量计算方法

3 外貌特征

初生雏鸡绒毛呈黄色。成年公、母鸡体型中等，羽色金黄或黄色，主翼羽、颈羽、尾羽末端有黑色斑羽。单冠，冠齿 4～9 个，喙短而黄，肉垂鲜红呈椭圆形，胫细呈黄色，无胫羽。皮肤呈黄色或肉色。蛋壳呈浅褐色或褐色。

4 体重与体尺

京海黄鸡 300 日龄体重与体尺见表 1。

表 1 京海黄鸡 300 日龄体重与体尺

性别	体重 kg	体斜长 cm	胸深 cm	胸宽 cm	龙骨长 cm	骨盆宽 cm	胫长 cm
公	1.8～2.0	19.5～20.2	10.4～11.5	6.3～6.8	9.8～10.1	6.4～6.7	8.6～9.1
母	1.4～1.6	16.5～17.4	7.7～8.6	5.8～6.5	8.7～8.9	5.9～6.1	6.6～7.2

5 生产性能

5.1 京海黄鸡种鸡生产性能

京海黄鸡种鸡生产性能见表 2，其饲料营养水平见附录 A 中表 A.1。

表 2 京海黄鸡种鸡生产性能

序号	项 目	指 标	序号	项 目	指 标
1	5%产蛋率时母鸡体重，g	1 300～1 400	7	受精率，%	91～92
2	5%产蛋率时周龄，周	18～19	8	受精蛋孵化率，%	94～95
3	产蛋高峰周龄，周	25～26	9	成活率（1 周玲～24 周龄），% ≥	96
4	高峰产蛋率，%	81～82	10	成活率（25 周玲～66 周龄），% ≥	95
5	66 周龄产蛋数（HD），个	190～196	11	66 周龄母鸡体重，g	1 600～1 800
6	66 周龄产种蛋数（HD），个	176～185			

5.2 京海黄鸡肉仔鸡生产性能

京海黄鸡肉仔鸡生产性能见表 3，其饲料营养水平见附录 A 中表 A.2。

表 3 京海黄鸡肉仔鸡生产性能

序号	项 目	指 标
1	饲养日龄，天	112
2	成活率,% ≥	97
3	体重，g	♂1 500～1 600 ；♀1 200～1 300
4	饲料转化比	3.3∶1～3.60∶1
5	屠宰率,%	89.0～91.0
6	半净膛率,%	80.0～82.0
7	全净膛率,%	64.0～66.0

6 性能测定与统计方法

6.1 外观特征

目测。

6.2 生产性能

按 NY/T 823 执行。

附录 A
（资料性附录）
京海黄鸡饲养营养水平

A.1　京海黄鸡种鸡营养水平见表 A.1。

表 A.1　京海黄鸡种鸡营养水平

营养成分	育雏期	育成期	产蛋期	种公鸡
	0～6 周龄	7～17 周龄	18 周龄以上	18～66 周龄
代谢能，MJ/kg	11.30～11.92	10.88～11.71	11.30～11.92	10.65～11.52
蛋白质，%	17.0～18.0	14.0～15.0	15.0～16.0	13.0～14.0
钙，%	0.9	0.75	3.35	0.90
有效磷，%	0.5	0.45	0.45	0.45
蛋氨酸，%	0.44	0.34	0.37	0.32
蛋氨酸＋胱氨酸，%	0.75	0.60	0.60	0.60
精氨酸，%	0.95	0.90	0.95	0.90
赖氨酸，%	0.95	0.70	0.90	0.90

注 1：0～17 周龄种公鸡营养标准与母鸡同。

注 2：其他营养素需要量按中华人民共和国《鸡饲养标准》（NY/T 33—2004）中有关地方品种肉用黄鸡饲养标准执行。

A.2　京海黄鸡肉仔鸡营养水平见表 A.2。

表 A.2　京海黄鸡肉仔鸡营养水平

营养成分	育雏期 0～6 周龄	育成期 7～16 周龄
代谢能，MJ/kg	11.30～11.92	11.95～12.95
蛋白质，%	20.0～21.0	16.0～18.0
钙，%	0.90	0.80
有效磷，%	0.47	0.45
蛋氨酸，%	0.50	0.40
蛋氨酸＋胱氨酸，%	0.82	0.65
赖氨酸，%	1.10	0.90

注：其他营养素需要量按中华人民共和国《鸡饲养标准》（NY/T 33—2004）中有关地方品种肉用黄鸡饲养标准执行。

第三节　京海黄鸡种鸡饲养管理技术规程——江苏省地方标准

ICS 65.020.30
B 43
备案号：

DB32

江 苏 省 地 方 标 准

DB32/T 1838—2011

京海黄鸡种鸡饲养管理技术规程

Technical regulations of feeding and management in Jinghai Yelow Chicken

2011-07-30 发布　　2011-10-30 实施

江苏省质量技术监督局 发布

前 言

京海黄鸡是由江苏京海禽业集团有限公司、扬州大学和江苏省畜牧总站（原江苏省畜牧兽医总站）共同培育，于2006年通过江苏省审定、2009年通过国家审定的优质肉鸡新品种。为了京海黄鸡的生产实现标准化、规范化，保障京海黄鸡的养殖达到高效和优质，特制定本标准作为京海黄鸡种鸡饲养和管理的技术规范。

本标准按GB/T 1.1—2009《标准化工作导则 第1部分：标准的结构与编写》编写。

本标准附录A为资料性附录。

本标准由扬州大学提出。

本标准由扬州大学动物科学与技术学院、江苏京海禽业集团有限公司起草。

本标准主要起草人：谢恺舟、王金玉、戴国俊、顾云飞、顾玉萍、施会强、陈建平、俞亚波、赵同峰、张跟喜。

京海黄鸡种鸡饲养管理技术规程

1 范围

本标准规定了京海黄鸡种鸡育雏期、育成期和产蛋期的饲养和管理要求。

本标准适用于京海黄鸡种鸡的饲养和管理。

2 规范性引用文件

下列文件对于本文件的应用是必不可少的。凡是注日期的引用文件，仅注日期的版本适用于本文件。凡是不注日期的引用文件，其最新版本（包括所有的修改单）适用于本文件。

GB 13078—2001 饲料卫生标准

GB 16548—2006 病害动物和病害动物产品生物安全处理规程

GB 16549—1996 畜禽产地检疫规范

NY/T 33—2004 鸡饲养标准

NY/T 388—1999 畜禽场环境质量标准

NY/T 5038—2006 无公害食品 家禽养殖生产管理规范

NY 5040—2001 无公害食品 蛋鸡饲养兽药使用准则

NY 5041—2001 无公害食品 蛋鸡饲养兽医防疫准则

NY 5042—2001 无公害食品 蛋鸡饲养饲料使用准则

3 环境条件和饲养管理

3.1 环境条件

应符合 NY/T 5038—2006 中第 4 章的规定。

3.2 饲养管理卫生条件

应符合 NY/T 388 中的规定。

4 种鸡营养水平

种鸡营养水平见表 1。

表 1 京海黄鸡种鸡营养水平

营养成分	育雏期	育成期	产蛋期	种公鸡
	0～6 周龄	7～17 周龄	18 周龄以上	18～66 周龄
代谢能，MJ/kg	11.30～11.92	10.88～11.71	11.30～11.92	10.65～11.52
蛋白质,%	17.0～18.0	14.0～15.0	15.0～16.0	13.0～14.0
钙,%	0.9	0.75	3.35	0.90
有效磷,%	0.5	0.45	0.45	0.45

（续）

营养成分	育雏期 0～6 周龄	育成期 7～17 周龄	产蛋期	种公鸡
			18 周龄以上	18～66 周龄
蛋氨酸，%	0.44	0.34	0.37	0.32
蛋氨酸+胱氨酸，%	0.75	0.60	0.60	0.60
精氨酸，%	0.95	0.90	0.95	0.90
赖氨酸，%	0.95	0.70	0.90	0.90

注 1：0～17 周龄种公鸡营养标准与母鸡同。

注 2：其他营养素需要量按中华人民共和国《鸡饲养标准》（NY/T 33—2004）中有关地方品种肉用黄鸡饲养标准执行。

5 育雏期的饲养管理（0～6 周龄）

5.1 育雏前准备工作

进雏鸡前 3 周，育雏舍清洁干净、消毒，同时，检查饲养、保温设备是否正常。进雏鸡前 1 周应对鸡舍内所有用具进行熏蒸消毒，密闭鸡舍，一直熏蒸到进雏鸡前两天，开窗通风。

5.2 育雏温度

冬季育雏，在雏鸡到场前 2 天、夏季提前 1 天加温，使雏鸡到场时育雏温度达到 32～33℃，昼夜温差不能超过 2～3℃。京海黄鸡不同日龄育雏温度见表 2。

表 2 京海黄鸡不同日龄育雏温度

日　龄	育雏温度℃	日　龄	育雏温度℃
1～3	33～34	22～28	22～24
4～7	31～32	29～34	20～21
8～14	28～30	36～42	18～20
15～21	25～27		

注：温度计吊离鸡背高，距热源 2m。

5.3 饮水和喂料

在雏鸡到场前，将饮水器注水，饮水使用温开水，注水量考虑雏鸡能在 3～4h 饮完。对经过长途运输的雏鸡，在每升饮水中加入红糖 30g。在进雏 1 周时间内，使用 3～5 天的抗菌药物。

在雏鸡饮水 2～3h 后，进行开食。坚持少喂勤加的原则，一般 1～2 周龄每日喂料 4～6 次，3～4 周龄每日喂料 2～3 次，4 周龄后改为每日喂料 1 次，每次喂料后空料 0.5h。料盘数量应满足 80%的鸡同时采食。

5.4 通风

育雏期，在确保温度的前提下，适当通风换气。根据舍内温度高低，调整通风量，以鸡舍内无刺鼻性气味为宜。

5.5 光照

育雏期光照见表 3。

表 3 育雏期光照

周龄	光照时间 H	光照强度 Lux	周龄	光照时间 H	光照强度 Lux
0～1	23～24	15	3～4	16	5
2	20	15	5～6	自然光照	5

5.6 饲养密度

最大饲养密度为地面平养每平方米 14 只、网上平养每平方米 17 只、笼养每平方米 24 只、网上平养加地面平养每平方米 16 只。

5.7 地面育雏垫料的管理

垫料选用刨花、木屑、稻壳、稻草等；保持新鲜、干燥，不发霉。垫料厚度为 7cm～10cm。

5.8 断喙

断喙前 24h 内添加维生素 K 及抗应激剂。断喙日龄为 7～10 日龄。应在 9 周龄之前修喙。

5.9 体重与耗料

京海黄鸡种鸡育雏体重及耗料量见表 4。

表 4 京海黄鸡种鸡育雏体重及耗料量

周 龄	母 鸡		公 鸡	
	平均体重 g	平均耗料 g/日·只	平均体重 g	平均耗料 g/日·只
1	60	8	70	10
2	90	17	100	21
3	130	22	150	29
4	180	29	215	38
5	210	38	310	46
6	250	45	380	50

6 育成期的饲养管理（7 周龄～17 周龄）

6.1 饲养密度

最大饲养密度为地面平养每平方米 8 只、网上平养每平方米 10 只、笼养每平方米 12 只、网上平养加地面平养每平方米 9 只。

6.2 育成期体重及耗料量

育成期体重及耗料量见表 5。

表 5　京海黄鸡种鸡育成期体重及耗料量

周　龄	母　鸡		公　鸡	
	平均体重 g	平均耗料 g/日·只	平均体重 g	平均耗料 g/日·只
7	360	54	465	60
8	480	59	550	64
9	570	63	660	68
10	670	69	790	72
11	770	74	900	77
12	850	77	1 000	82
13	950	80	1 090	87
14	1 025	83	1 150	90
15	1 080	85	1 220	93
16	1 150	87	1 300	96
17	1 200	89	1 370	99

6.3　体重控制

6.3.1　限饲

7～17 周龄的鸡群根据表 5 的体重标准采用限制饲喂。

6.3.2　体重监测

体重监测每周进行一次，每周末早上喂料前，进行空腹称重；抽测比例为 3%～5%，计算全群平均体重、周增重和均匀度；绘制全群体重变化曲线；根据各鸡群的体重变化指导用料。

6.3.3　均匀度

分别在 6 周、9 周、12 周龄进行全群称重，并按体重大小分群，鸡群均匀度不宜低于 80%。

6.4　光照制度

育成期光照时间不能随意延长。密闭式鸡舍采用每天 8h 恒定光照，开放与半开放式鸡舍按育成期间最长的日照时间给予恒定的光照（自然光照＋人工光照）；光照强度宜 5Lux。

7　产蛋期的饲养管理（18 周龄以上）

7.1　光照

产蛋期光照时间不能随意缩短，具体见表 6。

表 6　产蛋期光照

周　龄	光　照 h		强度 Lux
	人工光照	自然光照＋人工光照	
18～22	13～14	13～14	10～15
25～28	每周增加 30min～45min	每周增加 30min～45min	10～15
29～66	16.5～17	16.5～17	10～15

7.2 通风

气温超过27℃时，加大通风量；气温低于18℃时，在舍内空气良好的前提下，减少通风量。

7.3 温度

产蛋鸡舍的适宜温度为13～23℃。

7.4 湿度

产蛋鸡舍适宜的相对湿度为50%～65%。

7.5 产蛋期平均产蛋率、体重及耗料量

产蛋期平均产蛋率、体重及耗料量见表7。

表7 产蛋期平均产蛋率、体重及耗料量

周龄	平均产蛋率 %	平均体重 g	平均耗料 g/日·只	周 龄	平均产蛋率 %	平均体重 g	平均耗料 g/日·只
18	5	1 290	90	43	65	1 665	90
19	10	1 320	93	44	63	1 670	90
20	32	1 390	98	45	62	1 675	90
21	56	1 430	101	46	59	1 680	90
22	79	1 460	103	47	58	1 685	90
23	80	1 490	104	48	57	1 690	90
24	81	1 500	107	49	55	1 695	90
25	82	1 520	107	50	54	1 700	90
26	83	1 530	107	51	52	1 705	90
27	82	1 540	105	52	50	1 710	90
28	81	1 545	100	53	49	1 715	90
29	80	1 550	97	54	48	1 720	90
30	78	1 560	96	55	47	1 725	90
31	77	1 570	95	56	46	1 730	90
32	76	1 580	95	57	45	1 735	89
33	75	1 590	94	58	44	1 740	89
34	74	1 600	93	59	43	1 745	89
35	73	1 605	93	60	43	1 750	89
36	72	1 610	92	61	43	1 760	89
37	71	1 630	92	62	42	1 765	89
38	70	1 635	91	63	42	1 770	89
39	69	1 640	91	64	41	1 775	89
40	68	1 650	90	65	41	1 780	89
41	67	1 655	90	66	40	1 785	89
42	66	1 660	89				

7.6　喂料

7.6.1　喂料量

当鸡群产蛋率达到50%～60%时，使用高峰料量；当鸡群产蛋率达到70%以上时，使用最高峰料量；当鸡群产蛋率下降至60%～70%时，逐渐减少料量，每百只鸡减料不超过500g，此后产蛋率每减少4～5%料量递减一次。每次减料的同时应观察鸡群的反应，任何产蛋率异常下降，都需恢复到原来的给料量。喂料量见表7。

7.6.2　给料次数

每天上、下午各给料1次。

7.6.3　种蛋收集和选择

每天收集种蛋不少于3次。种蛋收集后立即消毒，送入种蛋库保存。

8　京海黄鸡种鸡免疫程序

种鸡免疫程序见附录A中表A.1。

9　废弃物处理

病死鸡按GB 16548进行无害化处理；废弃物处理符合NY/T 5038—2006中第7章的规定。

10　记录

10.1　建立生产、销售、疾病防治及无害化处理等记录档案，保存期2年以上。

10.2　日常记录：包括存栏数、温度、湿度、每日耗料量、每日产蛋数、定期抽检体重情况、转群日期与数量、免疫接种情况、鸡群健康状况、蛋重、种蛋合格率、用药消毒情况、死亡数和死亡原因。

附录 A
(资料性附录)
京海黄鸡种鸡免疫程序

A.1 京海黄鸡种鸡免疫程序见表 A.1。

表 A.1 种鸡免疫程序

日 龄	周 龄	疫苗名称	代号	方法	备注
1		鸡马立克氏病	CV1988	颈皮下注射	0.20mL/羽(孵化厅)
1		鸡传染性支气管炎	IBH120	滴 眼	1.0 头份
3		鸡球虫病	Coccivac	喷 料	1.0 头份
7		鸡新城疫病	NDClone30	滴 眼	1.0 头份
10		禽流感	AI—K	颈皮下注射	0.20mL/羽
14		鸡传染性法氏囊病	D78	滴 口	1.0 头份
21		鸡传染性法氏囊病	D78	滴 口	1.0 头份
24		鸡新城疫病灭活苗	ND—K	颈皮下注射	0.20mL/羽
24		鸡新城疫—传染性支气管炎二联苗	ND—IB	滴 眼	1.0 头份
	5	鸡痘	FP	翅下刺种	1.0 头份
	7	鸡传染性支气管炎	H120	滴 眼	1.0 头份
	10	鸡新城疫病灭活苗	ND—K	肌肉注射	0.25mL/羽
	10	鸡新城疫病	NDIV	滴 眼	1.0 头份
	12	鸡痘+传染性脑脊髓炎	AE+POX	翅下刺种	1.0 头份
	13	鸡减蛋综合征	EDS76	肌肉注射	0.50 mL/羽
	16	鸡新城疫病、鸡传染性支气管炎、鸡传染性法氏囊病	ND、IB、IBD	肌肉注射	0.50 mL/羽
	16	禽流感	AI	肌肉注射	0.50 mL/羽
	16	鸡新城疫+传支	ND+IB	饮 水	1.0 头份
	26	鸡新城疫病+鸡传染性支气管炎	ND+IB	饮 水	1.0 头份
	36	鸡新城疫病+鸡传染性支气管炎	ND+IB	饮 水	1.0 头份
	46	鸡新城疫病+鸡传染性支气管炎	ND+IB	饮 水	1.0 头份
	56	鸡新城疫病+鸡传染性支气管炎	ND+IB	饮 水	1.0 头份

第四节 京海黄鸡孵化技术规程——江苏省地方标准

ICS 65.020.30
B 43
备案号:

DB32

江 苏 省 地 方 标 准

DB32/T 1837—2011

京海黄鸡孵化技术规程

Technical regulations of hatching in Jinghai Yellow Chicken

2011-07-30 发布 2011-10-30 实施

江苏省质量技术监督局 发布

前　言

京海黄鸡是由江苏京海禽业集团有限公司、扬州大学和江苏省畜牧总站（原江苏省畜牧兽医总站）共同培育，于2006年通过江苏省审定、2009年通过国家审定的优质肉鸡新品种。为了京海黄鸡的生产实现标准化、规范化，提高京海黄鸡的孵化率和健雏率，特制定本标准作为京海黄鸡孵化的技术规范。

本标准按GB/T 1.1—2009《标准化工作导则　第1部分：标准的结构与编写》编写。

本标准由扬州大学提出。

本标准由扬州大学动物科学与技术学院、江苏京海禽业集团有限公司起草。

本标准主要起草人：谢恺舟、王金玉、戴国俊、顾云飞、顾玉萍、施会强、陈建平、俞亚波、赵同峰、张跟喜。

京海黄鸡孵化技术规程

1　范围

本标准规定了京海黄鸡孵化过程中的种蛋来源、种蛋保存、种蛋挑选、消毒、种蛋孵化、出雏、初生雏管理。

本标准适用于京海黄鸡孵化厂。

2　规范性引用文件

下列文件对于本文件的应用是必不可少的。凡是注日期的引用文件，仅注日期的版本适用于本文件。凡是不注日期的引用文件，其最新版本（包括所有的修改单）适用于本文件。

GB/T 6544—2008　瓦楞纸板

GB 16548—2006　病害动物和病害动物产品生物安全处理规程

GB 18596—2001　畜禽养殖业污染物排放标准

NY/T 1620—2008　种鸡场孵化厂动物卫生规范

3　种蛋来源

种蛋应选择来源于非疫区且具有种畜禽生产经营许可证的种鸡场。每批种蛋应附有种蛋合格证。

4　种蛋保存

种蛋购入后应及时放入种蛋贮存库保存。种蛋贮存库温度宜控制在15～18℃，湿度70％～80％。种蛋保存期越短越好，一般夏季不超过5天，冬季不超过7天。种蛋保存时大头朝上放置，保存期超过3天时，应每天翻动1次，防止搭壳。

5　种蛋挑选

在装盘前对种蛋逐个进行挑选，合格种蛋大头朝上整齐码放装盘。合格种蛋蛋重应符合该品种规定的蛋重标准；蛋壳良好，表面光滑。剔除破壳蛋、裂纹蛋、软皮蛋、畸形蛋、沙皮蛋、钢皮蛋、过长或过圆的蛋、过大或过小的蛋、脏蛋等。

6　消毒

6.1　设备、用具消毒

6.1.1　蛋转箱清洗消毒

6.1.1.1　每周对蛋转箱消毒2次，每月更换一次消毒药物。返回种鸡场的蛋转箱应进行2次消毒。

6.1.1.2 种蛋来源不同的蛋转箱应分别码放。

6.1.2 **孵化车、入孵蛋盘清洗消毒**

保证每台孵化车、每个入孵蛋盘清洗干净，并进行彻底消毒，消毒液可选择菌毒杀（1∶1 000稀释）或百毒杀（1∶1 000 稀释）。消毒后的孵化车、入孵蛋盘放到指定位置，准备入孵。

6.1.3 **出雏车、出雏盘清洗消毒**

保证每台出雏车、每个出雏盘清洗干净，并进行彻底消毒，消毒液可选择菌毒杀（1∶1000 稀释）或百毒杀（1∶1 000 稀释）。消毒后的出雏车、出雏盘放到出雏器内待用，开机升温。

6.1.4 **出雏器清洗消毒**

6.1.4.1 关掉主机电源，拔掉风机导线插头，插入保护装置后，把风机架拉出。

6.1.4.2 出雏器内用清水浸润后用抹布和钢丝球擦洗，然后用高压清洗机进行清洗，做到附着水珠均匀。风扇架车要单独仔细擦洗。

6.1.4.3 出雏厅地面、墙壁、顶棚及固定设施全部使用高压清洗机冲洗一遍，做到没有吸附着异物和灰尘。

6.1.4.4 正确安装风机架车，出雏车和出雏盘用消毒液进行喷淋、冲洗消毒后，复位推至出雏器内。

6.1.4.5 待机温达到 26℃时进行熏蒸消毒，每立方米空间用 42mL 福尔马林（40%水溶液）和 21g 高锰酸钾，3h 后打开机器门进行排气。

6.2 **种蛋消毒**

6.2.1 **入孵前胚蛋消毒**

6.2.1.1 种蛋入孵后应在 20h 内进行消毒比较适宜，严格避免种蛋入孵后 24～96h 内熏蒸消毒，否则会造成胚胎死亡。

6.2.1.2 消毒采取高锰酸钾和福尔马林混合气熏法，每立方米空间用 14mL 福尔马林（40%水溶液）和 7g 高锰酸钾，消毒时间 30min。

6.2.2 **移盘前胚蛋消毒**

6.2.2.1 对移盘的胚蛋要立即熏蒸消毒，每立方米空间用 14mL 福尔马林（40%水溶液）和 7g 高锰酸钾消毒时间 20min。

6.2.2.2 移盘后的胚蛋还要进行自然挥发熏蒸消毒。具体方法是：胚龄 18 天时，每隔 6h 用 60mL 甲醛溶液进行一次挥发熏蒸消毒，自第 5 次始改为每隔 3h 用 60mL 福尔马林（40%水溶液）进行自然挥发熏蒸消毒，直至出雏前 6h，总用药量 960mL。

7 种蛋孵化

7.1 码盘

码盘时按照种蛋的选择标准进行选择，操作时要轻、准、稳、快，标记要清楚，不同来源种蛋不能混淆。种蛋选择的基本标准：蛋重 47～52g，蛋形指数一般 0.74～0.78，比重为 1.080g/mm^3，壳厚为 0.26～0.34mm。

7.2 入孵前预热

预热温度为 26～27℃，预热时间为 6～8h。

7.3 孵化期温湿度控制

7.3.1 值班人员要将孵化箱温度、湿度、翻蛋方向、停电等情况，按要求填写在孵化记录表内，停电时间长短一定要记录清楚，并随时观察孵化箱是否关严，入孵后风门是否打开。

7.3.2 温度控制

一般情况下，孵化期1～3天温度为37.9℃，3～7天温度为37.8℃，7～10天温度为37.6℃，10～14天温度为37.4℃，14～17天温度为37.2℃，17～18.5天温度为37.1℃。出雏期18.5～21天温度持续37.1℃，但当孵化出的雏鸡绒毛干达60%时应开始降温，每2h将出雏器温度降低0.1℃，湿度降低0.1%，直到出雏器温度降到35.0℃为止。

7.3.3 湿度控制

根据不同周龄的种蛋调节孵化期湿度，1～10周龄的种蛋，孵化器内湿度为52%、出雏期出雏器内湿度为56%；11～25周龄的种蛋，孵化器内湿度为54%、出雏期出雏器内湿度为54%；25周龄以上的种蛋，孵化器内湿度为56%、出雏期出雏器内湿度为52%。

7.4 定位孵化

7.4.1 对孵化车位进行清理和消毒。

7.4.2 将孵化车推到位，蛋车间隙1～2mm，确保翻蛋气管和导线、加湿喷雾和翻蛋系统、风机转速正常。

7.4.3 每厅从入孵到入孵完毕不大于40min，翻蛋周期每小时1次，翻蛋过程为5min。

7.5 照蛋移盘

7.5.1 移盘前准备好照蛋车、记录表格、盛放无精蛋的蛋盘车和放有消毒液的臭蛋桶。

7.5.2 在入孵后第5～6天时用照蛋器进行逐个照蛋，剔除无精蛋、死精蛋。

7.5.3 移盘时间为种蛋孵化胚龄18天。移盘时动作要规范，做到轻、稳、准、快，记录数字要准确。每台出雏器移盘时间不大于30min。

7.5.4 移盘后立即用消毒液对出雏厅地面、墙壁、出雏器外表面、照蛋车及其他器具进行清洗消毒。消毒液可选择菌毒杀（1∶1 000稀释）或百毒杀（1∶1 000稀释）。

8 出雏

8.1 种蛋孵化期约为21天，每台出雏器出雏约需30min。蛋盘里的雏鸡、毛蛋要拣干净，动作要轻、稳。

8.2 健雏和淘汰雏鉴别。健雏的质量标准：活泼好动，眼大有神，反应敏捷；绒毛整洁，富有光泽，长短适中；腿爪健壮有光泽，站立平稳；体重32g以上；腹部平坦，富有弹性；卵黄吸收完整，无突腹现象；脐部愈合良好，无大块结痂、大片潮湿现象；肢体器官发育健全，无畸形、仰脖、扭颈、劈叉、麻痹等现象。

8.3 每次出雏后，要对投雏大厅、选雏大厅的地面、墙壁及所用设备进行清洗消毒。消毒液可选择菌毒杀（1∶1 000稀释）或百毒杀（1∶1 000稀释）。

9 初生雏管理

9.1 免疫和检疫

9.1.1 健康雏鸡羽毛干燥后进行颈部皮下马立克疫苗免疫注射。

9.1.2 按 NY/T 1620 的规定进行检疫。

9.2 包装和存放

9.2.1 雏鸡分装应采用标准纸箱包装。标准包装规格为 80cm×60cm×16cm，内分四格，箱体四周及顶层留有通气孔。箱体材料应符合 GB/T 6544 的规定。每只标准箱视气候状况存放雏鸡 80～100 只。

9.2.2 雏鸡装箱后，不能直接接触地面，应加放木垫板。

9.2.3 雏鸡箱码放不超过 6 层，留有间隙，保证通风透气。

10 废弃物处理

死雏按 GB 16548 进行无害化处理；废弃物及污水污物的处理应符合 GB 18596 的规定。

11 记录

11.1 孵化场应建立详细的生产记录档案，生产记录包括种蛋收购、孵化日志、出雏情况、雏鸡免疫、雏鸡销售、清洁消毒、无害化处理等记录。

11.2 生产记录应妥善保存二年以上。

第五节　京海黄鸡肉仔鸡饲养管理技术规程——江苏省地方标准

ICS 65.020.30
B 43
备案号：

DB32

江　苏　省　地　方　标　准

DB32/T 1839—2011

京海黄鸡肉仔鸡饲养管理技术规程

Technical regulations of feeding and management in Jinghai Yellow Broiler Chicken

2011-07-30 发布　　2011-10-30 实施

江苏省质量技术监督局　发布

前　言

京海黄鸡是由江苏京海禽业集团有限公司、扬州大学和江苏省畜牧总站（原江苏省畜牧兽医总站）共同培育，于2006年通过江苏省审定、2009年通过国家审定的优质肉鸡新品种。为了京海黄鸡的生产实现标准化、规范化，保障京海黄鸡的养殖达到高效和优质，特制定本标准作为京海黄鸡肉仔鸡饲养和管理的技术规范。

本标准按GB/T 1.1—2009《标准化工作导则　第1部分：标准的结构与编写》编写。

本标准附录A为资料性附录。

本标准由扬州大学提出。

本标准由扬州大学动物科学与技术学院、江苏京海禽业集团有限公司起草。

本标准主要起草人：谢恺舟、王金玉、戴国俊、顾云飞、顾玉萍、施会强、陈建平、俞亚波、赵同峰、张跟喜。

京海黄鸡肉仔鸡饲养管理技术规程

1　范围

本标准规定了京海黄鸡肉仔鸡育雏期和育成期的饲养和管理要求。

本标准适用于京海黄鸡肉仔鸡生产。

2　规范性引用文件

下列文件对于本文件的应用是必不可少的。凡是注日期的引用文件，仅注日期的版本适用于本文件。凡是不注日期的引用文件，其最新版本（包括所有的修改单）适用于本文件。

GB 13098—2006　饲料卫生标准

GB 16548—2006　病害动物和病害动物产品生物安全处理规程

NY/T 33—2004　鸡饲养标准

NY/T 388—1999　畜禽场环境质量标准

NY 5027—2008　无公害食品 畜禽饮用水水质

NY 5035—2001　无公害食品 肉鸡饲养兽药使用准则

NY 5036—2001　无公害食品 肉鸡饲养兽医防疫准则

NY 5037—2001　无公害食品 肉鸡饲养饲料使用准则

NY/T 5038—2006　无公害食品 家禽养殖生产管理规范

3　环境要求

3.1　选址

鸡舍选址应符合 NY/T 5038 的要求，大气符合 NY/T 388 的要求，饮用水水质符合 NY 5027 要求。

3.2　鸡舍建筑

鸡舍内地面要比舍外地面高出 10cm 以上。鸡舍应能抗风灾和雪灾。

4　种苗来源

雏鸡应选择来源于非疫区且具有种畜禽生产经营许可证的种鸡场。

5　肉仔鸡营养水平和饲料

全价颗粒配合饲料，应符合 NY 5037 的规定。京海黄鸡肉仔鸡营养水平见表 1。

表1 京海黄鸡肉仔鸡营养水平

营养成分	育雏期0～6周龄	育成期7～16周龄	营养成分	育雏期0～6周龄	育成期7～16周龄
代谢能，MJ/kg	11.30～11.92	11.95～12.95	蛋氨酸，%	0.50	0.40
蛋白质，%	20.0～21.0	16.0～18.0	蛋氨酸＋胱氨酸，%	0.82	0.65
钙，%	0.90	0.80	赖氨酸，%	1.10	0.90
有效磷，%	0.47	0.45			

注：其他营养素需要量按中华人民共和国《鸡饲养标准》（NY/T 33—2004）中有关地方品种肉用黄鸡饲养标准执行。

6 育雏期的饲养管理（0～6周龄）

6.1 育雏前的准备工作

进雏前3周，育雏舍需做到清洁干净，并进行消毒，同时，检查饲养、保温设备是否运行正常。进雏前1周应对鸡舍内所有用具进行熏蒸消毒，密闭鸡舍，一直熏蒸到进雏鸡前两天，开窗通风。

6.2 育雏温度

冬季育雏，在雏鸡到场前2天、夏季提前1天加温，使雏鸡到场时育雏温度达到32～33℃，昼夜温差不能超过2～3℃。京海黄鸡不同日龄育雏温度见表2。

表2 京海黄鸡不同日龄育雏温度

日龄	育雏温度℃	日龄	育雏温度℃
1～3	33～34	22～28	22～24
4～7	31～32	29～34	20～21
8～14	28～30	36～42	18～20
15～21	25～27		

注：温度计吊离鸡背高，距热源2m。

6.3 湿度调节

育雏舍内适宜的相对湿度应保持在50%～65%。

6.4 饮水和开食

在雏鸡到场前，将饮水器注水，饮水使用温开水，注水量考虑雏鸡能在3～4h饮完。对经过长途运输的雏鸡，在每升饮水中加入红糖30g。在进雏1周时间内，使用3～5天的抗菌药物。

在雏鸡饮水2～3h后，进行开食。坚持少喂勤加的原则，一般1～2周龄每日喂料4～6次，3～4周龄每日喂料2～3次，4周龄后改为每日喂料1次，每次喂料后空料0.5h。料盘数量应满足80%的鸡同时采食。

6.5 通风

育雏期，在确保温度的前提下，适当通风换气。根据舍内温度高低，调整通风量，以鸡舍内无刺鼻性气味为宜。

6.6 光照

育雏期光照见表3。

表 3　育雏期光照

周龄	光照时间 h	光照强度 Lux	周龄	光照时间 h	光照强度 Lux
0～1	23～24	15	3～4	16	5
2	20	15	5～6	自然光照	5

6.7　饲养密度

最大饲养密度为地面平养每平方米 14 只、网上平养每平方米 17 只、笼养每平方米 24 只、网上平养加地面平养每平方米 16 只。

6.8　地面育雏垫料的管理

垫料选用刨花、木屑、稻壳、稻草等，保持新鲜、干燥，不发霉。垫料厚度为 7～10cm。

7　育成期的饲养管理（7～16 周龄）

7.1　饲养密度

最大饲养密度为地面平养每平方米 8 只、网上平养每平方米 10 只、笼养每平方米 12 只、网上平养加地面平养每平方米 9 只。

7.2　生长发育

每周按鸡群的 1%（大群至少 60 只以上）随机取样，按公母分别称重。根据称重结果计算生长速度、饲料转化比，并按京海黄鸡肉仔鸡的生长标准进行分析，调整饲喂量。京海黄鸡肉仔鸡生长标准见表 4。

表 4　京海黄鸡肉仔鸡生长标准

周龄	公鸡			母鸡		
	平均体重 g	日采食量 g	饲料转化比	平均体重 g	日采食量 g	饲料转化比
1	55	7.60		54	7.70	
2	105	17.30	1.66	100	16.40	1.60
3	175	20.22	1.80	160	19.99	1.78
4	259	25.17	1.90	237	24.14	1.90
5	342	33.42	2.12	310	30.17	2.13
6	455	47.40	2.32	397	45.65	2.30
7	575	56.50	2.53	510	48.38	2.41
8	692	49.78	2.60	620	54.00	2.54
9	827	59.81	2.68	750	53.64	2.68
10	962	68.47	2.81	851	52.64	2.84
11	1 102	57.71	2.82	950	54.50	3.00
12	1 237	60.18	2.85	1 040	56.49	3.10
13	1 369	68.27	2.92	1 129	60.93	3.15
14	1 495	69.99	3.01	1 211	64.36	3.31
15	1 590	76.80	3.16	1 309	71.10	3.44
16	1 690	81.63	3.31	1 393	79.20	3.63

7.3 观察鸡群

经常观察鸡群的各种异常表现，为进一步诊断提供线索。健康鸡应眼睛大而有神、鸡冠鲜红直立、羽毛紧缩光亮、对各种刺激反应敏感，食欲旺盛、呼吸无异常声音、嘴闭合，肛门周围干净、粪便灰褐色，且其上附有少量尿酸盐，盲肠内粪便细腻、黄褐色，公鸡鸣声清脆有力。

7.4 喂料

每天喂料 2 次，分别在日出后 2～3h 和日落前 2～3h。上午加全天料量的 1/3，下午加全天料量的 2/3。

7.5 光照制度

育成期光照时间不能随意延长。密闭式鸡舍采用每天 8h 恒定光照，开放与半开放式鸡舍按育成期间最长的日照时间给予恒定的光照（自然光照＋人工光照）；光照强度宜 5 Lux。

7.6 出栏期

京海黄鸡适宜的出栏期为 112 天。

8 疫病防治

8.1 综合控制

应符合 NY 5036 的要求。

8.2 京海黄鸡肉仔鸡免疫程序

京海黄鸡肉仔鸡免疫程序见附录 A 中表 A.1。

9 废弃物处理

病死鸡按 GB 16548 进行无害化处理；废弃物处理符合 NY/T 5038—2006 中第七章的规定。

10 记录

10.1 建立生产、销售、疾病防治及无害化处理等记录档案，保存期二年以上。

10.2 日常记录：包括存栏数、温度、湿度、每日耗料量、定期抽检体重情况、免疫接种情况、鸡群健康状况、用药消毒情况、死亡数和死亡原因、鸡只发运目的地。

附录 A
（资料性附录）
京海黄鸡肉仔鸡免疫程序

A.1　京海黄鸡肉仔免疫程序见表 A.1。

表 A.1　京海黄鸡肉仔鸡免疫程序

日龄	疫苗名称	代号	方法	备注
1～3	鸡新城疫-传染性支气管炎二联苗	ND-IB	滴眼	1.0 头份
10～12	鸡新城疫-传染性支气管炎二联苗	ND—IB	滴眼	1.0 头份
14～15	鸡传染性法氏囊病	D78	滴口	1.0 头份
25	鸡传染性法氏囊病	D78	滴口	1.0 头份
30	鸡新城疫病灭活苗	ND-K	肌肉注射	0.25mL/羽
70	禽流感	AI	肌肉注射	0.50mL/羽

参 考 文 献

[1] 包文斌，周群兰，吴信生，张学余，王克华，程金花，陈国宏．藏鸡和萧山鸡体尺及屠宰性能的比较分析[J]．中国家禽，2005，27（7）：17－19.

[2] 曾经泽．生物药物分析（第二版）［M］．北京：北京医科大学/中国协和医科大学联合出版社出版，1998：228－231.

[3] 陈红菊．利用微卫星标记分析山东地方鸡品种的遗传多样性[J]．遗传学报，2003，30（9）855－860.

[4] 陈宏权，黄华云，陈华，张同燕．鹅 MC4R 基因 RFLP 及其与胴体和羽绒性状的关联性[J]．畜牧兽医学报，2008，39（7）：885－890.

[5] 仇雪梅，李宁，邓学梅，赵兴波，孟庆勇，王秀利．鸡 MC4R 基因的 SNPs 及其与屠体性状的相关研究[J]．中国科学（C 辑生命科学），2006，36（2）：127－133.

[6] 仇雪梅，李宁，吴常信，王秀利．用放射杂交板定位鸡的 MC4R 基因及其在鸡和人染色体上同源区的比较分析［J］．遗传学报，2004 ，31（12 ）：1356－1360.

[7] 储明星，桑林华，王金玉，方丽，叶素成．小尾寒羊高繁殖力候选基因 BMP15 和 GDF9 的研究[J]．遗传学报，2005，32（1）：38－45.

[8] 戴国俊，王金玉，王志跃，盛诰伟，Olagide，谢恺舟．OPAY02－C 型标记与新扬州鸡早期增重关系的研究[J]．中国家禽（学报），2004，1（8）：141－144.

[9] 戴国俊，王翔，孙明明，孙大辉，王金玉，谢恺舟，施会强．zyxin 基因 SNP（exon 1）与京海黄鸡生长和屠体性状的相关性[J]．江苏农业学报，2012，28（3）：593－597.

[10] 邓学梅．用于鸡基因定位的资源群体的建立和黑色素等质量性状的分析［D］．北京：中国农业大学，2001.

[11] 窦套存，王克华，曲亮，陈东军，周守长．3 个地方鸡种产蛋性状配合力测定[J]．中国家禽，2011，33（10）：28－30.

[12] 樊斌，李奎，彭中镇，龚炎长，赵书红．湖北省三品种猪 27 个微卫星座位的遗传变异[J]．生物多样性，1999，7（2）：91－95.

[13] 高凤华，卞立红，王守志，王启贵，唐志权，李辉．鸡 IGF1R 基因多态性与生长和体组成性状的相关性研究[J]．东北农业大学学报，2009，40（1）：77－83.

[14] 龚 韧，张大伟，江龙法，孙艳，杨海麟，王武．猪心苹果酸脱氢酶酶学性质及稳定性研究［J］．河南工业大学学报：自然科学版，2007，28（5）：42－45.

[15] 顾玉萍，顾云飞，俞亚波，王金玉 施会强 朱建军 邱聪．京海黄鸡不同品系间的配合力测定[J]．中国家禽，2011，33（4）：30－32.

[16] 顾玉萍，顾云飞，俞亚波，王金玉，施会强，朱建军，邱聪．京海黄鸡与快大型品系的配合力测定试验[J]．扬州大学学报（农业与生命科学版），2011，32（3）：30－33.

[17] 顾志良，张勇，朱大海，李辉．鸡基因组研究进展[J]．生物化学与生物物理研究进展，2002，29（3）：363－367.

[18] 顾志良，朱大海，李宁，李辉，邓学梅，吴常信．鸡 Myostatin 基因单核苷酸多态性与骨骼肌和脂肪生长的关系[J]．中国科学，2003，33（3）：273－280.

[19] 侯启瑞，王金玉，王慧华，李源，施会强．京海黄鸡 LYZ 基因 SNPs 检测及其与生长、产蛋性能的联系[J]．畜牧兽医学报，2010，41（5）：524－530.

[20] 侯启瑞，王金玉，谢凯舟，戴国俊，刘大林．测定鸡蛋蛋清中溶菌酶含量和活力标准方法的建立[J]．中国畜牧杂志，2010，46 (3)：49 - 52.
[21] 侯卓成，杨宁．家禽主要组织性复合体的研究进展[J]．遗传，2002，24 (1) ：72 - 76.
[22] 胡兰，郭东新，胡锐，刘梅，王娜，栾新红．大骨鸡中 MSTN 基因表达水平规律性研究[J]．动物科技，2003，11 (20)：42 - 44.
[23] 胡玉萍，李国辉，王金玉，陶勇，张跟喜，陈宽维，李慧芳．京海黄鸡 POU1F1 基因多态性及其与生长性能的遗传效应分析[J]．中国家禽，2008，30 (11)：20 - 22.
[24] 黄启忠，周震详，倪建平，顾彩菊，蒋凤英．优质地方鸡种配套杂交组合的研究 (1) -级杂交组合繁殖性能的测试[J]．上海农业学报，2003，19 (4)：104 - 106.
[25] 黄仕和，许四宏，李云春．骨桥蛋白的生物学功能[J]．生命的化学，2001，21 (5)：389 - 391.
[26] 霍明东，王守志，李辉．MC4R 基因多态性与鸡生长和体组成性状的相关研究[J]．东北农业大学学报，2006 ，37 (2) ：184 - 189.
[27] 姜润深，李俊英，李慧锋，杨宁．肉用鸡出生重对生长性状和屠宰性能的影响[J]．中国畜牧杂志，2005，41 (6)：45 - 46.
[28] 姜润深，杨宁．垂体特异性转录因子 POU1F1 研究进展[J]．遗传，2004，26 (6)：957 - 961.
[29] 蒋美山，陈仕毅，赖松家，邓小松，陈云，万洁．兔黑素皮质素受体基因多态性及其与体重及屠体性状的关联研究[J]．遗传，2008，30 (12)：1574 - 1578.
[30] 金崇富，时凯，陈应江，陈长宽．鸡胰岛素样生长因子 1 受体基因 G26336A、C111014A 多态位点的检测及其与生产性状的相关性[J]．中国畜牧兽医，2012，39 (5)：141 - 145.
[31] 金崇富，王金玉，王慧华，张跟喜，施会强，俞亚波．京海黄鸡 IGFBP - 3 基因外显子 1 和内含子 1 部分序列多态性及其与生长繁殖性状的相关性[J]．中国畜牧兽医，2010，37 (9)：132 - 135.
[32] 金崇富，王金玉，赵秀华，张跟喜，顾玉萍，俞亚波，施会强．京海黄鸡 IGF1R 基因 Alu I、Hin1 I 多态位点的发现及其与生产性状的相关性[J]．中国畜牧杂志，2012，48 (3)：10 - 14.
[33] 冷灵芝，李艳萍．骨桥蛋白与生殖[J]．生命科学研究，2006，10 (3)：189 - 193.
[34] 李源，刘大林，王金玉，王慧华，侯启瑞，施会强．IGFⅡ基因 SNPs 及其与京海黄鸡生长性能关系的研究[J]．扬州大学学报 (农业与生命科学版)，2010，31 (3)：33 - 38.
[35] 李源，王金玉，施会强，顾玉萍，王慧华，侯启瑞．IGFⅡ基因多态性及其与京海黄鸡屠宰和肉质性状的关系[J]．江苏农业科学，2010，(2)：34 - 37.
[36] 李源，王金玉，顾玉萍，施会强，王慧华，侯启瑞．京海黄鸡 IGFⅡ基因外显子 2 多态性分析及其对繁殖性能的影响[J]．中国畜牧杂志，2011，37 (4)：131 - 133.
[37] 李德海，迟玉杰．溶菌酶活力的简易测定 [J]．中国乳品工业，2002，30 (5)：128 - 129.
[38] 李国辉，王金玉，陶勇，胡玉萍．京海黄鸡 MC4R 基因新突变位点的分析[J]．畜牧兽医杂志，2008，27 (2)：28 - 30.
[39] 李宁，邢宝东，戴茹娟，冯继东．鸡生长激素 cDNA 的克隆分析[J]．中国家禽，1997，1：4 - 5.
[40] 李尚民，原新廷，戴国俊，李国辉．鸡主要组织相容性复合体与抗病育种[J]．国外畜牧学 (猪与禽)，2007，27 (2)：70 - 72.
[41] 李尚民，原新廷，戴国俊，谢恺舟，王金玉．京海黄鸡 MHC B - LB 基因序列多态性研究[J]．江苏农业科学，2008，(8)：67 - 69.
[42] 李同树，刘风民，尹逊河，廉爱玲，唐辉，曲江鹏．鸡肉嫩度评定方法及其指标间的相关分析[J]．畜牧兽医学报，2004，35 (2)：17 - 177.
[43] 李伟，彭夏雨，孙凤霞，李大全，廖和荣，李应生．玫瑰冠鸡 IGF - 1 基因多态性与体重及屠体性状关系的研究[J]．现代农业科技，2007，15：160 - 162.
[44] 李新宇，张鹏，戴国俊，王金玉．两个 SCAR 标记与京海黄鸡体重的相关性研究[J]．上海畜牧兽医

通讯，2006，(1)：24－25.
[45] 李雪梅，谷忠新，李奎，彭中镇，龚炎长．应用微卫星标记对中国10个品种猪遗传变异的研究[J]．山东农业大学学报（自然科学分析）2000，31（3）：261－264.
[46] 李长春，李进，李奎，强巴央宗，莫德林，纪素玲，朱志明，徐日福，钟强，刘榜．藏鸡IGF－Ⅰ基因的SNPs检测及与生长性状的关联分析[J]．畜牧兽医学报，2005，36（11）：1111－1116.
[47] 李志辉，王启贵，赵建国，王宇祥，李辉．类胰岛素生长因子（IGF2）基因多态性与鸡体脂性状的相关研究［J］．中国农业科学，2004，37（4）：600－604.
[48] 李志辉．鸡IGF2、IGFBP2基因多态性与生长和体组成性状的相关研究［D］．哈尔滨：东北大学，2003.
[49] 李治学，魏丽娜，章世元．鸡蛋壳质量与结构关系的研究[J]．中国畜牧杂志，2008，44（1)：35－39.
[50] 林万明等．PCR技术操作和应用指南［M］（第二版）．北京：科学出版社，1995.
[51] 刘哲，吴建平，马彦男，朱静，张利平，刘晓敏，张丽．奶牛IGFBP－3基因部分序列PCR－SSCP多态性与产奶量和生长性能的相关性[J]．农业生物技术学报，2009，17（3）：445－450.
[52] 刘大林，王金玉，魏岳，张跟喜，俞亚波．京海黄鸡IGF－Ⅰ基因与生长和屠体性状的关联分析［J］．中国畜牧杂志，2009，45（11）：9－12.
[53] 刘大林，俞亚波，魏岳，张跟喜，王金玉．脂联素基因对京海黄鸡体重及屠体性状的遗传效应［J］．扬州大学学报：农业与生命科学版，2009（1）：31－34.
[54] 刘大林，王金玉，魏岳，张跟喜，俞亚波．京海黄鸡IGF－Ⅰ基因与生长和屠体性状的关联分析[J]．中国畜牧杂志，2009，45（11）：9－12.
[55] 刘大林，俞亚波，魏岳，张跟喜，戴国俊，王金玉．京海黄鸡苹果酸脱氢酶基因多态性遗传效应的研究[J]．江苏农业科学，2009，(4)：36－38.
[56] 刘为民，林树茂，于辉，计慧琴，徐旭辉．5种品系肉用仔鸡血清IGF－Ⅰ和甲状腺激素与生产性能相关性研究[J]．畜牧与兽医，2006，38（12)：4－6.
[57] 刘向萍．鸡DNA指纹中J带在不同标记组合中的效应研究［D］．扬州大学硕士学位论文，2002.
[58] 刘哲，吴建平，马彦男，朱静，张利平，刘晓敏，张丽．奶牛IGFBP－3基因部分序列PCR－SSCP多态性与产奶量和生长性能的相关性[J]．农业生物技术学报，2009，17（3）：445－450.
[59] 卢亚萍，张赛夫，潘宏涛，冯平，李卫芬．一种特殊溶菌酶对肉仔鸡生长性能的影响[J]．饲料研究，2007，5：71－72，78.
[60] 孟庆利．骨调素和雌激素受体基因与猪繁殖性能关系的研究［D］．南京：南京农业大学，2004.
[61] 聂庆华，张细权，杨关福．鸡生长轴相关基因的研究进展[J]．农业生物技术学报，2003，(3)：305－312.
[62] 裴鑫德．多元统计分析及其应用［M］．北京：北京农业大学出版社，1991，287－309.
[63] 秦鹏春，谭景和，吴光明，王林安，杨庆章，冯怀亮，郝艳红，张秋明，徐立滨．猪卵巢卵母细胞体外成熟与体外受精的研究[J]．中国农业科学，1995，28（3）：58－66.
[64] 邱峰芳，聂庆华，金卫根，欧阳建华，林树茂，孙汉，张细权．鸡PIT－Ⅰ基因57bp插入/缺失多态与生长和屠体性状的相关研究[J]．江西农业大学学报，2006，28（2）：284－288.
[65] 沈华，王金玉．黄羽肉鸡IGF－Ⅰ基因单核苷酸多态性与生长性状的相关研究[J]．中国畜牧兽医，2006，33（10）：58－60.
[66] 沈见成，陈宽维，王金玉．利用微卫星标记分析江苏三个地方鸡品种的遗传多样性[J]．中国家禽，2004，26（6）：14－16.
[67] 盛浩伟．新扬州鸡DNA指纹J带及两个SCAR标记与生产性能的综合效应研究［D］．扬州大学硕士学位论文，2004.
[68] 宋有涛，于媛媛，李欣，李辉，张惠丽．人和鸡溶菌酶结构保守性的对比研究[J]．辽宁大学学报，

2009，36（2）：97－99.

[69] 孙亿，费思清，唐辉，武英，樊新忠，姜运良．猪 IGF2 基因 G3072A 位点多态性及其与大白猪初生重和早期生长的关系[J]．畜牧兽医学报，2007，38（12）：1306－1310.

[70] 孙大业，唐军，李红兵．细胞外钙调素的研究及其意义[J]．科学通报，1995，40（13）：1153－1159.

[71] 孙汉，欧阳建华，王文君，李海华，林树茂，邱峰芳．鸡胰岛素样生长因子-1 的研究进展[J]．江西农业大学学报，2003，25（1）：133－136.

[72] 孙维斌，陈宏，雷雪琴，雷初朝，张英汉，李瑞彪，胡沈荣．IGFBP－3 基因多态性与秦川牛部分屠宰性状的相关性[J]．遗传，2003，25（5）：511－516.

[73] 陶勇，李国辉，胡玉萍，M. Dafalla Mekki，陈宽维，王金玉．MC4R，POU1Fl 基因对京海黄鸡生长性能的遗传效应[J]．遗传，2008，30（7）：900－906.

[74] 陶勇，李国辉，王金玉，胡玉萍，张跟喜，陈宽维．京海黄鸡 MC4R 基因多态性及其与生长性能的关联分析[J]．中国家禽，2008，30（5）：21－23.

[75] 陶勇，任善茂，李国辉，胡玉萍，王金玉．京海黄鸡 MC4R 基因多态性及其与部分屠体性状的关联分析[J]．中国畜牧杂志，2010，46（17）：13－15.

[76] 汪晓鸿．大白猪 OPN 基因的克隆及其表达规律研究［D］．哈尔滨：东北农业大学，2007.

[77] 王雷，王宝维，贾晓晖．鹅 IGF－1 基因 5 调控区序列的克隆与分析[J]．中国畜牧兽医，2007，34（3）：71－73.

[78] 王存芳，张劳，李俊英，吴常信．平原饲养的藏鸡体型外貌分析和生长模型拟合的研究[J]．中国农业科学，2005，38（5）：1065－1068.

[79] 王得前，陈国宏，吴信生，张学余，王克华．仙居鸡的体尺测量及屠宰性能测定[J]．浙江畜牧兽医，2004，(3)：1－3.

[80] 王得前，陈国宏，吴信生，张学余，王克华，成荣，刘博，徐琪，周群兰．运用微卫星技术分析中国地方鸡品种的亲缘关系[J]．扬州大学学报（农业与生命科学版），2003，24（2）：1－6.

[81] 王根宇，颜炳学，邓学梅，李长绿，胡晓湘，李宁．IGF2 基因对鸡生长及屠体性状的影响及印记状况的研究[J]．中国科学 C 辑，2004，34（5）：429－435.

[82] 王慧华，王金玉，李源，侯启瑞，张跟喜，施会强．鸡 IGF－Ⅰ基因 5′非翻译区 TruⅠ、TaiⅠ多态位点的发现[J]．中国畜牧杂志，2010，46（11）：13－15.

[83] 王慧华，王金玉，李源，侯启瑞，张跟喜，施会强．京海黄鸡连续 3 个世代类胰岛素样生长因子-Ⅰ外显子 3 的多态性研究[J]．中国畜牧兽医，2010，37（5）：126－129.

[84] 王金玉，陈国宏．数量遗传与动物育种［M］．第一版．南京：东南大学出版社，2004，216－218.

[85] 王金玉，赵万里，王素仁，陈庭景，高正邦．苏新鸡不同品系间配合力测定[J]．辽宁畜牧兽医，1990，2：18－21.

[86] 王金玉，陈宽维．鸡的 DNA 指纹与屠宰性能的相关性研究[J]．遗传学报，1999，26（4）：324－328.

[87] 王金玉等．动物育种原理与方法．东南大学出版社［M］．2004，281－286.

[88] 王丽云，王金玉，陈宽维，于佳慧，杨燕，张跟喜．两个黄鸡品种 Ghrelin 基因的 PCR－SSCP 分析[J]．农业生物技术学报，2007，15（4）：602－605.

[89] 王丽云，王金玉，于佳慧，杨燕，张跟喜．京海黄鸡 Ghrelin 基因的 SNP 研究[J]．黑龙江畜牧兽医，2007，(4)：48－49.

[90] 王念鸿．新的胰岛素信号分子- STAT5b. 国外医学内分泌学分册[J]．2005，25（6）：406－408.

[91] 王清华，李辉，张德祥，王宇祥．优质黄鸡矮小型品系胫长和胫宽德双向选择效应分析[J]．中国畜牧杂志，2005，41（8）：30－31.

[92] 王颖，李辉，顾志良，赵建国，王启贵，王宇祥．鸡瘦蛋白受体（OBR）基因内含子 8 单核苷酸多态性

与体脂性状的相关研究[J]．遗传学报，2004，31（3）：265－269.

[93] 王志跃，范刚，杨海明，刘桂琼．IGF－Ⅰ基因5′调控区DNA序列多态性与新扬州鸡肌肉产量关系的研究[J]．中国畜牧杂志，2005，41（12）：28－31.

[94] 魏岳，王金玉，刘大林，俞亚波，张跟喜．京海黄鸡GH基因与生长、屠体性状的关联分析[J]．中国家禽，2009，31（12）：15－18

[95] 吴旭，王金玉，严美姣，李慧芳，陈宽维，汤青萍，朱文奇，俞亚波．GNRHR、IGF－1基因对文昌鸡繁殖性状的遗传效应分析[J]．畜牧兽医学报，2007，38（1）：31－35.

[96] 吴常信．优质鸡生产中杂种优势利用的相关问题[J]．中国家禽，1999，21（5）：1－2.

[97] 吴井生，朱孟玲，邢军，陈明，李国辉，李尚民，原新廷，王金玉．猪骨调素OPN基因多态性的研究[J]．江苏农业科学，2008（5）：56－58.

[98] 武艳平，霍俊宏，谢明贵，刘林秀，季华员，储怡士，唐维国，谢金防．泰和丝羽乌骨鸡IGF－Ⅰ基因与体重的关联分析[J]．华北农学报，2010，25（增刊）：22－26.

[99] 习欠云，李宁，唐玉新，孟庆勇，袁立，吴常信．中国部分地方鸡种B－L（外显子1）基因分子遗传多态性研究[J]．遗传学报，2001，28（1）：7－14.

[100] 谢恺舟，戴国俊，王金玉，顾云飞，顾玉萍，施会强．京海黄鸡肉用性能及肉品质的研究[J]．扬州大学学报：农业与生命科学版，2009，30（1）：45－48.

[101] 徐日福，李奎，陈国宏，强巴央宗，莫德林，李长春，樊斌，刘榜．鸡MHCB－LB新等位基因检测及多态性研究[J]．畜牧兽医学报，2005，36（12），1247－1255.

[102] 许罕华，Loc Phi－van. 鸡溶菌酶基因3'端MAR在同源细胞系对基因表达调控的研究[J]．中国兽医学报，1996，16（3）：212－217.

[103] 薛恺，陈宏，王珊，蔡欣，刘波，张存芳，雷初朝，王新庄，王轶敏，牛晖．POU1F1基因的遗传变异对南阳牛生长发育性状的影响[J]．遗传学报，2006，33（10）：901－907.

[104] 颜炳学，李宁，邓学梅，胡晓湘，刘兆良，赵兴波，连正兴，吴常信．鸡类胰岛素生长因子-Ⅱ基因单核苷酸多态与生长、屠体性状相关性的研究[J]．遗传学报，2002，29（1）：30－33.

[105] 颜炳学，邓学梅，费菁，胡晓湘，吴常信，李宁．鸡生长激素基因单核苷酸多态性与生长及屠体性状的相关性[J]．科学通报，2003，12（46）：1304－1307.

[106] 颜文锦，李宁川，于佳惠，王丽云，卞良勇，王金玉．Myostatin基因单核苷酸多态性与京海黄鸡体重的相关性分析[J]．上海畜牧兽医通讯，2007，（5）：15－17.

[107] 杨燕，王金玉，王丽云，于佳慧，吕慎金．京海黄鸡生长模型拟合的研究[J]．畜牧与兽医，2007，39（6）：17－20

[108] 杨凤萍，李其松，戴国俊，谢恺舟，施会强，王金玉．京海黄鸡IGF－Ⅱ基因SNPs及其与生产性能关系研究[J]．畜牧兽医学报，2008，39（11）：1470－1475.

[109] 杨凤萍，沈华，戴国俊，谢恺舟，王金玉．四种黄羽肉鸡IGF－1多态性与生产性能相关分析[J]．中国家禽，2009，31（13）：20－23.

[110] 杨兴棋，邓初夏，陈宏溪．几种罗非鱼乳酸脱氢酶和苹果酸脱氢酶同工酶的电泳研究[J]．遗传学报，1984，11（2）：132－140.

[111] 杨燕，王金玉，谢恺舟，吕慎金，王丽云，于佳慧．京海黄鸡体重、体尺及屠宰性状间的典型相关分析[J]．中国畜牧杂志，2007，43（17）：5－8

[112] 易洪琴．鸡DNA指纹中J带及OPAY02型标记与生产性能综合效应的研究[D]．扬州大学硕士学位论文，2003.

[113] 于吉英，陈宽维，肖小君，李慧芳，朱文奇．ESR、NPY对文昌鸡繁殖性状的遗传效应分析[J]．畜牧与兽医，2008，40（4）：49－51.

[114] 俞亚波，刘大林，魏岳，张跟喜，王金玉．OPN基因对京海黄鸡体重和繁殖性状遗传效应的研究

[J]．扬州大学学报（农业与生命科学版），2009，30（2）：21－24.
[115] 俞亚波，顾云飞，顾玉萍，施会强，邱聪，王金玉．钙调素基因启动子序列多态性对京海黄鸡产蛋性状和蛋壳性状的遗传效应[J]．中国家禽，2012，34（4）：33－37.
[116] 俞亚波，刘大林，魏岳，王金玉．京海黄鸡蛋壳质量性状间的相关性及钙调素基因对蛋壳质量遗传效应的研究[J]．中国畜牧杂志，2009，45（11）：12－14，22
[117] 俞亚波，刘大林，魏岳，王金玉．京海黄鸡骨桥蛋白基因第七外显子多态性及其与生长繁殖和屠宰性状的关系[J]．江苏农业科学，2009，(3)：229－231.
[118] 俞亚波，王金玉，顾玉萍，刘大林，魏 岳，戴国俊．脂联素基因 c. 249 C> T 突变对京海黄鸡部分主要经济性状的影响[J]．西北农业学报，2011，20（4）：7－11
[119] 俞亚波，王金玉，金崇富，顾云飞，顾玉萍．六个鸡种 IGFBP－3 基因第 2 外显子 Msp Ⅰ 酶切位点的遗传多态性研究[J]．中国家禽，2011，33（17）：15－18.
[120] 俞亚波，魏岳，张跟喜，王金玉．脂联素基因对京海黄鸡体重及屠体性状的遗传效应[J]．扬州大学学报（农业与生命科学版），2009，30（4）：31－34.
[121] 袁志栋，刘海生，李建凡．胰岛素样生长因子系统在动物生产中的研究进展[J]．中国畜牧兽医，2003，30（3）：34－37.
[122] 原新廷，李尚民，戴国俊，王金玉，谢恺舟，陆培琰．不同剂量球虫卵囊对京海黄鸡抗性指标的影响[J]．安徽农业科学，2008，36（ 18）：7642－7643，7820
[123] 张鹏，顾玉萍，王金玉飞，盛浩伟，施会强．京海黄鸡 DNA 指纹中 J 带与体重的相关性研究[J]．中国家禽，2004，8（1）：149－151.
[124] 张浩，吴常信，李俊英，凌遥．藏鸡和低地鸡种的生长曲线拟合与杂种优势分析[J]．中国畜牧杂志，2005，41（5）：34－37.
[125] 张勃伟，权富生，赛务加浦，孙达权，马会明，张涌．人溶菌酶基因真核表达载体构建及其在牛乳腺上皮细胞中的表达[J]．西北农业学报，2008，17（1）：11－14，19.
[126] 张根华，陈伟华，赵茹茜，周浩良，陈杰．肉鸡和蛋鸡早期发育阶段胰岛素样生长因子水平的比较[J]．南京农业大学学报，1997，20（4）：71－74.
[127] 张润锋，陈宏，雷初朝．IGFBP－3 基因 PCR－RFLP 多态性与中国荷斯坦奶牛泌乳性状的相关分析[J]．中国畜牧杂志，2006，42（3）：9－11.
[128] 张世卿，朱忠珂，王明成，廖诗英，汪儆，王建华．玉米豆粕日粮添加溶菌酶对肉仔鸡生长性能、代谢及免疫指标的影响[J]．动物营养学报，2008，20（4）：463－468.
[129] 张文会，王艳辉，马润雨．离子交换法提取鸡蛋清溶菌酶[J]．食品工业科技，2003，24（6）：57－59.
[130] 张轶博，巴彩凤，苏玉虹，曾瑞霞．比格犬 MC4R 基因多态性与体重相关性的研究[J]．遗传，2006，28（10）：1224－1229.
[131] 赵慧斌．细胞表面钙调素结合位点的定位及钙调素定量方法的研究［D］．上海：第二军医大学，2004.
[132] 赵秀华，王金玉，张跟喜，金崇富，顾玉萍，俞亚波，施会强．STAT5b 基因的遗传多态性及其与京海黄鸡体重和繁殖性状的关联分析[J]．畜牧与兽医，2011，43（8）：7－10
[133] 赵秀华，王金玉，张跟喜，金崇富，顾玉萍，俞亚波，施会强．鸡 IGFBP－1 基因的多态性及其与生长、繁殖性状的关系[J]．中国兽医学报，2011，31（10）：1500－1504
[134] 赵秀华，王金玉，张跟喜，金崇富，顾玉萍，俞亚波，施会强．京海黄鸡 IGFBP－1 基因遗传多态性及其与生长性状的关联分析[J]．中国畜牧兽医，2011，38（3）：124－128.
[135] 赵秀华，王金玉，张跟喜，魏岳，顾玉萍，俞亚波，施会强．IGF－I 与 IGFBP－1 基因对京海黄鸡生长性状的遗传效应分析[J]．畜牧兽医学报，2012，43（1）：152－158.

[136] 赵秀华，王金玉，张跟喜，魏岳，顾玉萍，俞亚波，施会强. STAT5b 基因 2 个 SNPs 位点与京海黄鸡生长和繁殖性状的关联分析[J]. 中国畜牧杂志，2012，48 (1)：1-5

[137] 郑华，朱庆，鲍宽仁. 岭南黄鸡等三个品系屠体性状的配合力测定[J]. 中国家禽，1998，20 (7)：7-9.

[138] 郑丕留主编. 中国家禽品种志. 中国家禽品种编委会. 上海：上海科学技术出版社，1989

[139] 郑玉才，苏永杰，文勇立，金素钰，陈炜，周静，朴影. 牦牛肌红蛋白的基因克隆测序、分离纯化、含量及其与乳酸脱氢酶和苹果酸脱氢酶活力的关系[J]. 畜牧兽医学报，2007，38 (7)：646-650.

[140] 朱智，徐宁迎，吴登俊，黄利权，赵晓枫，张翔宇. 鸡 IGF-I 基因 SNPs 及其对屠体性状的遗传效应分析[J]. 畜牧兽医学报，2007，38 (10)：1021-1026.

[141] 朱秋菊，孙怀昌，李国才，张泉，陈瑾. 人溶菌酶活性 两种检测方法的比较研究[J]. 扬州大学学报，2005，26 (1)：27-29.

[142] Nezer C, Moreau L, Brouwer S B, et al. 1999. An imprinted QTL with major effect on muscle mass and fat deposition maps to the IGF2 locus in pigs [J]. Nat Genet, 21: 157-158.

[143] Sambrook J, Fritsch E F, Maniatis T. Molecular cloning-A laboratory manual. 1989, Vol. 2, 2nd edition. Cold Spring Harbour, Laboratory Press, USA.

[144] Akinalp A S, Asan M, Ozcan N. Expression of T4 lysozyme gene (gene e) in Streptococcus salivarius subsp. Thermophilus [J]. Afr J Biotechnol, 2007, 6: 963-966.

[145] Amills M, Jimemea N, Villalba D, Tor M, Molina E, Cubilo D, Marcos C, Francesch A, Sanchez A, Estany J. Identification of three single nucleotide polymorphisms in the chicken insulin-like growth factor 1 and 2 genes and their associations with growth and feeding traits [J]. Poult Sci, 2002, 82 (10): 1486-1491.

[146] Ardern S L, Lambert D M, Rodrigo AG, McLean I G. The effects of population bottlenecks on multilocus DNA variation in robins [J]. J Hered, 1997, 88: 179-186.

[147] Ardlie K G, Kruglyak L, Seielstad M. Patterns of linkage disequilibrium in the human genome [J]. Nat Rev Genets, 2002, (3): 299-310.

[148] Bachelot A, Binart N. Reproductive role of prolactin [J]. Reproduction, 2007, 133 (2): 361-369.

[149] Bai J Y, Zhang Q, Jia X P. Comparison of different foreground nd background selection methods in marker-assiste introgression [J]. Acta genetica Sinica, 2006, 33 (12): 1073-1080.

[150] Bain M M. Recent advances in the assessment of eggshell quality and their future application [J]. World Poult Sci, 2005, 161 (6): 268-277.

[151] Barker J S F. A global protocol for determining geneticdistances among domestic livestock breeds [C]. In: Proceedings ofthe 5th World Congress of Genetics Applied to Livestock Production. 1994, 21: 501-508.

[152] Bartfai R, Egedi S, Yue G H, Kovacs B, . Urbanyi B, . Tamas G, Horvath L, Orban L. Genetic analysis of two common carp broodstocks by random amplified polymorphic DNA (RAPD) and microsatellite markers [J]. Aquaculture, 2003, 219: 157-167.

[153] Beccavin C, Chevalier B, Cogburn L A, Simon J, Duclos M J. Insulin-like growth factors and body growth in chickens divergently selected for high or low growth rate [J]. J Endocrinol, 2001, 168 (2): 297-306.

[154] Beckerle M C. Zyxin: zinc fingers at sites of cell adhesion [J]. Bioessays, 1997, 19 (11): 949-957.

[155] Benkel B F, Gavora J S. A novel molecular fingerprint probe based on the endogenous avian retroviral element (EAV) of chickens [J]. Anim genet, 24 (6): 409-413.

[156] Bezemer J M, Radersma R, Grijpma D W, Dijkstra P J, Feijen J, van Blitterswijk C A. Zero-order re-

lease of lysozyme from poly (ethylene glycol) /poly (butylenes terephthalate) matrices [J] . J Control Release, 2000, 64: 179 - 192.

[157] Bienertova - Vasku J, Bienert P, Tomandl J, Forejt M, Vasku A. Relation between adiponect in 45 T/G polymorphism and diet ary composition in the Czech population [J] . Diabetes Res Clin Pract, 2009, 84 (3): 329 - 331.

[158] Bing Y Z, Nagai T, Martinez H R. Effects of eysteamine, FSH and estradiol - 17β on in vitro maturation of porcine oocytes [J] . Theriogenology, 2001, 55: 867 - 876.

[159] Blundell T L, Bedarkar S. Insulinlike growth factor: a model for tertiary structure according for immune reactivity and receptor binding [J] . Proc Natl Acad Sci USA, 1978, 75 (1): 180 - 184.

[160] Bond J J, Meka S, Baxter R C. Binding characteristics of insulin - like growth factor from cancer patients: binary and ternarycomplex formation with IGF binding proteins - 1 to 6 [J] . J Endocrinol, 2000, 165: 253 - 260.

[161] Boyce - Jacino MT, Resnick R, Faras A J. Structural and functional characterization of the unusually short long terminal repeats and their adjacent regions of a novel endogenous avian retrovirus [J] . Virology, 1889, 173 (1): 157 - 166.

[162] Bradford M A. A rapid and sensitive method for quantitation of microgram quantities of protein utilizing the principle of protein dye binding [J] . Anal Boichem, 1976, (72): 248 - 254.

[163] Brogkmann G A, Haley G S, Wblf E, Karle S, Kratzsch J, Renne U, Schwerin M, Hoeflich A. Genome - wide search for loci controlling serum IGF binding Protein levels of mice [J] . Faseb, 2001, 15: 978 - 987.

[164] Chabrolle C, Tosca L, Crochet S, et al. 2007. Expression of Adiponect in and its receptors (AdipoR1 and AdipoR2) in chicken ovary: Potential role in ovarian steroido genesis [J] . Domestic Animal Endocrinology, 33: 480 - 487.

[165] Chen G H, Wu X S, Wang D Q, Qin J, Wu S L, Zhou Q L, Xie F, Cheng R, Xu Q, Liu B, . Zhang X Y, Olowofeso O. Cluster analysis of 12 Chinese native chicken populations using microsatellite markers. Asian - Aust J Anim Sci, 2004b, 8: 1047 - 1052.

[166] Cheng G H, Wu S L, Zhou Q L, Xie F, Cheng R, Xu Q, Liu B, Zhang X Y, Olowofeso O. Cluster analysis of 12 Chinese native chicken populations using microsatellite markers [J] . Asian - Aust. J Anim Sci, 2004, 17: 1047 - 1052.

[167] Chenyambuga S W, Hanotte O, Hirbo J, . Watts P C, Kemp S J, Kifaro G C, Gwakisa P S, Petersen P H, Rege J E O. Genetic characterization of indigenous Goats of Subsaharan Africa using microsatellite DNA markers [J] . Asian - Aust J Anim Sci, 2004, 17 (4): 445 - 452.

[168] Chien Y C, Hincke M T, Vali H, McKee M D. Ultrastructural matrix - mineral relationships in avian eggshell, and effects of osteopontin on calcite growth in vitro [J] . J Struct Biol, 2008, 163 (1): 84 - 99.

[169] Cohen L E, Wondisford F E, Radovick S. Role of Pit - 1 in the gene expression of growth hormone, prolactin and thyrotrop [J] . Endocrinol Metab Clin North Am, 1996, 25 (3): 523 - 540.

[170] Crooijmans R P M A, Van Kampen A J A, Van der Poel J J, Groenen M A M. Highly polymorphic microsatellite markers in poultry [J] . Anim Genet, 1993, 24: 44 - 443.

[171] Cui J X, Du H L, Liang G Y, Deng X M, Li N, Zhang X Q. Association of polymorphisms in the promoter region of chicken prolactin with egg production [J] . Poult Sci, 2006, 85 (1): 26 - 31.

[172] Dai G J, Olowofeso O, Wang J Y. Genetic Differentiation Degree and Time of Divergence Between Chinese Chicken Populations Inferred from Micro Satellite Data [J] . Int J Poult Sci, 2006, 5 (4):

365 -369.

[173] Darling D C, Brickell P M. Nucleotide sequence and genomic structure of the chicken insulin - like growth factor - II (IGF - II) coding region [J]. Gen Comp Endocrinol, 1996, 102 (3): 283 - 287.

[174] Date Y, Naka Zato M, Hashiguchi S, Dezaki K, Modal M S, Hosoda H, Kojima M, Kangawa K, Arima T, Matsuo H, Yada T and Matsukura S. Ghlein is present in pancreatic alpha - cells of humans and rats stimulates insulin secretion [J]. Diabetes, 2002, 51: 124 - 129

[175] De Meyts P, Whittaker J. Structure biology of insulin and IGF - Ⅰ receptor implications for drug design [J]. Nature View, 2002 (1): 769 - 783.

[176] DechiaraT M, Efstratiadis A, Robertson E J. Parental imprinting of the mouse insulinlike growth Ⅱ gene [J]. Cell, 1991, 64 (4): 849 - 859.

[177] Deeb N, Lamont S J. Genetic architecture of growth and body composition in unique chicken population [J]. J Hered, 2002, 93: 107 - 118.

[178] Dong N, Fu Y, Jing L, Hui R, Yu X P, Gong C, Zhang Y P. The origin and genetic diversity of Chinese native chicken breeds [J]. Biochem Genet, 2002, 40: 163 - 174.

[179] Doublier S, Amri K, Seurin D, Moreau E, Merlet - Benichou C, Striker G E, Gilbert T. Over expression of human insulinlike growth factor binding protein in the mouse leads to nephron deficit [J]. Pediatr Res, 2001, 49 (5): 2660 - 2666.

[180] Dunnington E A, Haberfeld A, Stallard L C, Siegel P B, Hillel J. Deoxyribonucleic acid fingerprint bands linked to loci coding for quantitative traits in chickens [J]. Poul Sci, 1992, 71 (8): 1251 -1258.

[181] Emara M G, Kim H. Genetic markers and their application in poultry breeding [J]. Poult Sci, 2003, 82: 952 - 957.

[182] F. 奥斯伯, R. 布伦特, R. E. 金斯顿. 精编分子生物学实验指南 [M]. 颜子颖, 王海林, 译. 北京: 科学出版社, 2001: 29 - 71.

[183] Fallin D, Cohen A, Essioux L, Chumakov I, Blumenfeld M, Cohen D, Schork NJ. Genetic analysis of case/control data using estimated haplotype frequencies: application to APOE locus variation and Alzheimer's disease [J]. Genome Res, 2001, 11 (1): 143 - 151.

[184] Fan Y G, Ye S Z. A study on the growth curve and maximum profit from layer - type cockerel chicks [J]. Poult Sci, 1997, 38: 445.

[185] Fisher S L, Yagaloff K A, Bum P. Melanocortin - 4 receptor: a novel signaling pathway involved in body weight regulation [J]. Int J Obes Metab Disord, 1999, 23: 54 - 58.

[186] Florini J R, Ewton D Z, Coolican S A. Growth hormone and the insulin - like growth factor system in myogenesis [J]. Endocr Rev, 1996, 17: 481 - 517.

[187] Florini J R, Ewton D Z, Falen S L, Van Wyk J J. Biphasic concentration dependency of stimulation of myoblast differentiation by somatomedins [J]. Am J Physiol, 1986, 250: 771 - 778.

[188] Foutouhi N. Identification of growth hormone DNA polymorphism which respond to divergent selection for abdominal fat content in chicken [J]. Theor Appl Genet, 1993, 112: 235 - 239.

[189] Gao X, Shi M Y, Xu X R, Li J Y, Ren H Y, Xu S Z. Sequence variations in the bovine IGF - Ⅰ and IGFBP - 3 genes and their association with growth and development traits in Chinese beef cattle [J]. Agricultural Sciences in China, 2009, 8 (6): 717 - 722.

[190] Gerrard D E, Okamura C S, Ranalletta M A, Grant A L. Developmental expression and location of IGF Ⅰ and IGF Ⅱ mRNA and protein in skeletal muscle [J]. J Anim Sci, 1998, 76 (4): 1004 - 1011.

[191] Ghosh A K, Lacson P, Liu P, Cichy S B, Danilkovich A, Guo S, Unterman T G. A nucleoprotein

complex containing CCAAT/enhancer - binding protein β interacts with an insulin response sequence in the insulin - like growth factor binding protein - 1 gene and contributes to insulin - rugulated gene expression [J] . Biol Chem, 2001, 276 (11): 8507 - 8511.

[192] Gibal A M J, Young M E, Taegtmeyer H. A naplerosis of the citricacid cycle: role in energy metabolism of heart and skeletal muscle [J] . Acta Physiological Scand inavica, 2000, 168: 657 - 665.

[193] Gou Z K, Fyfe C. A canonical correlation neural network for multicollinearity and functional data [J] . Neural Net work, 2004, 17: 285 - 293.

[194] Goward C R, Nicholls D J. Malate dehydrogenase: a model for structure, evolution and analysis [J] . Prot Sci 1994, 3 (10): 1883 - 1888.

[195] Groen M A, Cheng H H, Bumstead N, Benkel B, Briles E, Burt D W, Burke T, Dodgson J, Hillel J, Lamont S, Ponce de Leon F A, Smith G, Soller M, Takahashi H, Vignal A. A Consensus linkage map of the chicken genome [J] . Genome Res, 2000, 10: 137 - 147.

[196] Guan H Y, Tang Z Q, Li H. Correlation analysis between single nucleotide polymorphism of malate dehydrogenase gene 5′- flanking region and growth and body composition traits in chicken [J] . Acta Genetica Sinica, 2006, 33 (6): 501 - 506.

[197] Guernec A, Chevalier B, Duclos M J. Nutrient supply enhances both IGF - I and MSTN mRNA levels in chicken skeletal muscle [J] . Domest Anim Endocrin, 2004, 26 (2): 143 - 154.

[198] Guryev V, Smits B M G, van de Belt J, Verheul M, Hubner N, Cuppen E. Haplotype block structure is conserved across mammals [J] . PLOS Genetics, 2006, 2 (7): 1111 - 1118.

[199] Hammer E, Kutsche K, Haag F, Liu H, Du M. Mono - allelic expression of the IGF - I receptor does not affect IGF responses in human fibroblasts [J] . Eur J Endocrinol, 2004, 151: 521 - 529.

[200] Hanrahan J P, Gregan S M, Mulsant P, Mullen M, Davis G H, Powell R, Galloway S M. Mutations in the genes for oocyte - derived growth factors GDF9 and BMP15 are associated with both increased ovulaion rate and sterility in Cambridge and Belclare sheep (Ovis aries) [J] . Biol Reprod, 2004, 70 (4): 900 - 909.

[201] Hayashi K, Vandll D W. How sensitive is PCR - SSCP [J] Hum Mutat, 1993, 2 (5): 338.

[202] Heald A H , Cruickshank J K, Riste L K, Cade J E, Anderson S, Greenhlgh A, Sampyo J, Taylor W, Fraser W, White A, Gibson J M. Close relation of fasting insulin - like growth factor binding protein - 1 (IGFBP - 1) with glucose tolerance and cardiovascular risk in two populations [J] . Diabetologia, 2001, 44 (3): 333 - 339.

[203] Hennighausen L, Robinson G W. Interpretation of cytokine signaling through the transcription factors STAT5A and STAT5B [J] . Genes Dev, 2008, 22 (6): 711 - 721.

[204] Herrington J, Smit L S, Schwartz J, Carter - Su C. The role of STAT proteins in growth hormone signaling [J] . Oncogene, 2000, 19 (21): 2585 - 2597.

[205] Hideki T, Takashi O, Kazuyuki A. Native - like tertiary stucture formation in the a - domain of a hen lysozyme two - disulfide variant [J] . J Mol Biol, 2001, 314: 311 - 320.

[206] Hoeflieh A, Sehmidt P, Foll J, Rottmann O, Weber M M, Kolb H J, Pirchner F, Wolf E. Altered growth of mice divergently selected for body weight is associated with complex changes in the growth hormone/insulin - like growth factor system [J] . Growth Horm IGF Res, 1998, 8 (2): 113 - 123.

[207] Hong Y H, Kim E S, Lillehoj H S, Lillehoj E P, Song K D. Association of resistance to avian coccidiosis with single nucleotide polymorphisms in the zyxin gene [J] . Poult Sci, 2009, 88 (3): 511 - 518.

[208] Hou Q R, Wang J Y, Wang H H, Li Y, Zhang G. X, Wei Y, Hassan. Analysis of polymorphisms in exons of the LYZ gene and effect on growth traits of Jinghai Yellow chicken [J] . J Poult Sci, 2010, 9

(4): 357 - 362.

[209] Houston R D, Cameron N D, Rance K A. A melanocortin - 4 receptor (MC4R) polymorphism is associated with performance traits in divergently selected Large White pig populations [J] . Anim Genet, 2004, 35 (5): 386 - 390.

[210] Huang W, Carlsen B, Rudkin G. Osteopontin is a negative regulator of proliferation and differentiation in MC3T32E1 preosteoblastic cells [J] . Bone, 2004, 34 (5): 799 - 808.

[211] Hunter G K, Goldberg H A. Modulation of crystal formation by bone phosphoproteins role of glutamic acid rich sequences in the nucleation of hydroxyapatite by bone sialoprotein [J] . Biochem, 1994, 302: 175.

[212] Ikeobi C O N, Woolliams J A, Mortice D R, Law A, Windsor D, Burt D W, Hocking P M. Quantitative trait loci affecting fatness in the chicken [J] . Anim Genet, 2002, 33: 428 - 435.

[213] Janssen J A, Lamberts S W. The role of IGF - I in the development of cadiovascular disease in typr 2 diabetes mellitus: is prevention possible [J] . Eur J Eendocrinol, 2002, 146 (4): 467 - 477.

[214] Jeon J T, Carlborg O, Törnsten A, Giuffra E, Amarger V, Chardon P, Andersson - Eklund L, Andersson K, Hansson I, Lundström K, Andersson L. A paternally expressed QTL affecting skeletal and cardiac muscle mass in pigs maps to the IGF2 locus [J] . Nat Genet, 1999, 21: 157 - 158.

[215] Jiang R, Li J, Qu L, Li H, Yang N. A new single nucleotide polymorphism in the chicken pituitary specific transcription factor (POU1F1) gene associated with growth rate [J] . Anim Genet, 2004, 35 (4): 344 - 346.

[216] Jollès P, Jollès J. What's new in lysozyme research - Always a model system, today as yesterday [J] . Mol Cell Biochem, 1984, 63: 165 - 189.

[217] Jossi H, Martien A M, Michele T B, Abraham B K, Lior D, Valery M K, Terry B, Asili B D. , Richard P M, Kari L, Marcus W F, Paul J F, Asko M T, Marain O, Pippa T, Alain A, Klaus W, Steffen W. Biodiversity of 52 chicken populations assessed by microsatellite typing of DNA pools [J] . Genet Sel Evol, 2003, 35: 533 - 557.

[218] Kaiser M G, Yonash N, Cahaner Am Lamont S J. Microsatellite polymorphism between and within broiler populations [J] . Poult Sci, 2000, 79: 626 - 628.

[219] Kaiya H, van Der G S, Kojima M, Hosoda H, Kitajima Y, Matsumoto M, Geelissen S, Darras V M, Kangawa K. Chicken ghrelin: Purification, cDNA cloning, and biological activity [J] . Endocrinology, 2002, 143: 3454 - 3463

[220] Kajimoto Y, Rotwein P. Structure of the chicken insulin - like growth factor 1 gene reveals conserved promote elements [J] . Biol Chem, 1991, 266 (15): 9724 - 9731.

[221] Kang W J, Yun J S, Seo D S, Lee C Y, Hong K C, Ko Y. Study on the association of early egg productivity with serum insulin - like growth factor - 1 in Korean native Ogol chicken [J] . J Anim Sci Technol, 2000, 42 (6): 767 - 776.

[222] Kaufm an J, Jacob J, Shaw I, Walker B, Milne S, Beck S, Salomonsen J. Gene organisation determines evolution of function in the chicken MHC [J] . Immunol Rev, 1999, 167: 101 - 117.

[223] Kawashima Y, Kanzaki S, Yang F, Kinoshita T, Hanaki K, Nagaishi J, Ohtsuka Y, Hisatome I, Ninomoya H, Nanba E, Fukushima T, Takahashi S. Mutation at cleavage site of insulin - like growth factor receptor in a short - stature child born with intrauterine growth retardation [J] . J Clin Endocrinol Metab, 2005, 90: 4679 - 4687.

[224] Kelly K M, Schmidt K E, Berg L, Sak K, Galima M M, Gillespie C, Balogh L, Hawayek A, Reyes J A, Jamison M. Comparative endocrinology of the insulin - like growth factor - binding protein [J] .

Journal of Endocrinology, 2002, 175: 3-8.

[225] Kikuchi K, Buonomo F C, Kajimoto Y, Zeman M. Expression of insulin like growth factor I during chicken development [J]. Endocrinology, 1991, 128 (3): 1323-1328.

[226] Kim S K, Larsen N, Short T, Plastow G, Rothschild M F. A missense variant of the porcine melanocortin-4 receptor (MC4R) gene is associated with fatness, growth, and feed intake traits [J]. Mamm Genome, 2000, 11 (2): 131-135.

[227] Kim S K, Niels L, Tom S, Graham P, Rothschild M F. A missense variant of the porcine melanocortin-4 receptor (MC4R) gene is associated with fatness, growth, and feed intake traits [J]. Mamm Genome. 2000, 11 (2): 131-135.

[228] Korbonits M, Kojina M, Kangawa K, Grossman A B. Presence of Ghrelin in normal and adenomatous human pituitary [J]. Endocrine, 2001, 14: 102-104

[229] Kubota N, Terauchi Y, Yamauchi T, Kubota T, Moroi M, Matsui J, Eto K, Yamashita T, Satoh H, Yano W, Froquel P, Naqai R, Kimura S, Kadowaki T, Noda T. Disruption of adiponectin causes insulin resistance and neointimal formation [J]. J Biol Chem, 2002, 277 (29): 25863-25866.

[230] Kuhnlein U, Ni L, Weigned S, Gavora JS, Fairfull W, Zadworny D. DNA polymorphisms in the chicken growth hormone gene: response to selection for disease resistance and association with egg production [J]. Anim Genet, 1997, 28: 116-123.

[231] Lagaly D V, Aad P Y, Grad-Ahuir J A, Hulsey L B, Spicer L J. Role of Adiponect in regulating ovarian theca and granulosa cell function [J]. Mol Cell Endocrinol, 2008, 284: 38-45.

[232] Lamont S J, Lakshmanan N, Plotsky Y, Lamont SJ, Lakshmanan N, Plotsky Y, Kaiser M G, Kuhn M, Arthur J A, Beck N J, O'Sullivan N P. Genetic markers linked to quantitative traits in poultry [J]. Anim Genet, 1996, 27 (1): 1-8.

[233] Lan X Y, Pan C Y, Chen H, Lei C Z, Liu S Q, Zhang Y B, Min L J, Yu J, Li J Y, Zhao M, Hu A R. The HaeIII and XspI PCR-RFLPs detecting polymorphisms at the goat IGFBP-3 locus [J]. Small Ruminant Res, 2007, 73: 283-286.

[234] Lee S J, McPherron A C. Myostatin and control of skeletal musclemass [J]. Curr Opin Genet Dev, 1999, 9 (5): 604-607.

[235] Lei M M, Nie Q H, Peng X, Zhang D X, Zhang X Q. Single nucleotide polymorphisms of the chicken insulin-like factor binding protein 2 gene associated with chicken growth and carcass traits [J]. Poult Sci, 2005, 84: 1191-1198.

[236] Lei M M, Peng X, Zhou M, Luo C, Nie Q, Zhang X. Polymorphisms of the IGF1R gene and their genetic effects on chicken early growth and carcass traits [J]. BMC Genetics, 2008, 9 (70): 1-9.

[237] Levy D E, Darnell J E. Stats: transcriptional control and biological impact [J]. Nat Rev Mol Cell Biol, 2002, 3 (9): 651-662.

[238] Lglesias G M, Aoria L A, Goto R M, Jar A M, Miquel M C, Lopez OJ, Miller MM. Genotypic variability at the major histocom patibility complex (B and Rfp2Y) in Comperos broiler chickens [J]. Anim Genet, 2003, 34: 88-95.

[239] Li S H, Guo D Z, Li B, Yin H B, Li J K, Xiang J M, Deng G Z. The stimulatory effect of insulin-like growth factor-I on the proliferation, differentiation, and mineralization of osteoblastic cells from Holstein cattle [J]. Vet J, 2009, 179: 430-436.

[240] Li S, Crenshaw E B, Rawson E J, Simmons D M, Swanson L W, Rosenfeld M G. Dwarf locus mutants lacking three pituitary cell types result from mutations in the POU-domain gene Pit-1 [J]. Nature, 1990, 347 (6293): 528-533.

[241] Li S, Xie L P, Zhang C, Zhang Y, Gu M, Zhang R. Cloning and expression of a pivotal calcium metabolism regulator: calmodulin involved in shell formation from pearloyster Pinctada fucata [J]. Comp Biochem Physiol, 2004, 138 (3): 235-243.

[242] Li Z H, Li H, Zhang H, Wang S Z, Wang Q G, Wang Y X. Identification of a single nucleotide polymorphism of the insulin-like growth factor binding protein 2 gene and its association with growth and body composition traits in the chicken [J]. Anim Sci, 2006, 84: 2902-2906.

[243] Livant E J, Zhang D, Johnson L W, Shi W, Ewald S J. Three new MHC haplotypes in broiler breeder chickens [J]. Anim Genet, 2001, 32: 123-131.

[244] Long J R, Zhao L J, Liu PY, Lu Y, Dvornyk V, Shen H, Liu Y J, Zhang Y Y, Xiong D H, Xiao P, Deng H W. Patterns of linkage disequilibrium and haplotype distribution in disease candidate genes [J]. BMC Genetics, 2004, 5: 11.

[245] Lynch M, Milligan B G. Analysis of population genetic structure with RAPD markers [J]. Mol Ecol, 1994, 3: 91-99.

[246] Ma L, Tataranni PA, Bogardus C, Baier L J. Melanocortin 4 receptor gene variation is associated with severe obesity in Pima Indians [J]. Diabetes, 2004, 53 (10): 2696-2699.

[247] Magri K A, Benedict M R, Ewton D Z. Negative feedback regulation of insulinlike growth factor 2 gene expression in differentiating myoblasts in vitro [J]. Endocrinology, 1994, 135 (1): 53-62.

[248] Marshall T C, Slate J, Kruuk L E B, Pemberton J M. Statistical confidence for likelihood-based paternity inference in natural populations [J]. Mol Ecol, 1998, 7: 639-655.

[249] Matsuzawa Y. Adiponectin: Identification, physiology and clinical relevance in metabolic and vascular disease [J]. Atheroscler Suppl, 2005, 6 (2): 7-14.

[250] McElroy J P, Kim J J, Harry D E, Brown S R, Dekkers J C M, Lamont S J. Identification of trait loci affecting white meat percentage and other growth and carcass traits in comm ercial broiler chickens [J]. Poult Sci, 2006, 85 (4): 593-605.

[251] McMurtry J P. Nutritional and developmental roles of insulin-like growth factors in poultry [J]. J Nutr, 1998, 128: 302-305.

[252] McPherron A C, Lee S J. Double muscling in cattle due to mutations in the Myostatin gene [J]. Proc Natl Acad Sci, 1997, 94 (23): 12457-12461.

[253] Meng A. DNA fingerprint variability within and among parental lines and its correlation with performance of F1 laying hens [J]. Theor Apply Genet, 1996, 92 (6): 769-776.

[254] Miller S A, Dykes D D, Plosky H F. A simple salting out procedure for extracting DNA from human nucleated cells [J]. Nucleic Acids Res, 1988, 16: 1215.

[255] Moe H H, Shimogiri T, Kamihiraguma W, Isobe H, Kawabe K, Okamoto S, Minvielle F, Maeda Y. Analysis of polymorphisms in the insulin-like growth factor 1 receptor (IGF1R) gene from Japanese quail selected for body weight [J]. Animal Genet, 2007, 38 (6): 659-661.

[256] Mohd-Azmi M L, Ali A S, Kheng W K. DNA fingerprinting of red jungle fowl, village chickens and broilers [J]. Asian-Aust J Anim Sci, 2000, 13 (8): 1040-1043.

[257] Mototani H, Mabuchi A, Saito S, Fujioka M, Iida A, Takatori Y, Kotani A, Kubo T, Nakamura K, Sekine A, Murakami Y, Tsunoda T, Notoya K, Nakamura Y, Ikegawa S. A functional single nucleotide polymorphism in the core promoter region of CALMI is associated with hip osteoarthritis in Japanese [J]. Hum Mol Genet, 2005, 14 (8): 1009-1017.

[258] Muirhead R J. Aspect s of multivariate statistical theory [M]. New York: John Wiley Sons, Inc, 1982. 548-556.

[259] Mutzel A, Reinscheid U M, Antranikian G, Müller R. Isolation and characterization of a thermophilic bacillus strain that degrades phenol and cresols as sole carbon source at 70℃[J]. Appl Microbiol Biotechnol, 1996, 46 (5/6): 593-596.

[260] Nagaraja S C, Aggrey S E, Yao J, Zadworny D, Fairfull R W, Kuhnlein U. Trait association of a genetic marker near the IGF-1 gene in egg-laying chickens [J]. Hered, 2000, 91 (2): 150-156.

[261] Nei M. Genetic distance between populations [J]. Am Nat, 1972, 106: 283-292.

[262] Nei M. Molecular Evolutionary Genetics [M]. Columbia University Press, 1987, New York.

[263] Nie Q H, Lei M M, Ou Yang J H, Zeng H, Yang G, Zhang X. Identification and characterization of single nucleotide polymorphisms in 12 chicken growth correlated genes by denaturing high performance liquid chromatography [J]. Genet Sel Evol, 2005, 37: 339-360.

[264] Nie Q, Zhang H, Lei M, Ishag N A, Fang M, Sun B, Yang G, Zhang X. Genomic organization of the chicken Ghrelin gene and its single nucleotide polymorphisms detected by denaturing high-performance liquid chromatography [J]. Briti PoultSci, 2004, 45: 611-618.

[265] Niels O, Florence G, Mogens V. Basic principles of muscle development and growth in meat-producing mammals as affected by the insulin-like growth factor (IGF) system [J]. Domest Anim Endocrin, 2004, 27: 219-240.

[266] Noumi T, Mosher M E, Natori S, Futai M, Kanazawa H. A phenylalanine for serine substitution in the beta subunit of Escherichia coli F1-ATPase affects dependence of its activity on divalent cations [J]. J Biol Chem, 1984, 259 (16): 10071-10075.

[267] Nystrom G, Pruznak A, Huber D, Frost R A, Lang CH. Local insulin-like growth factor I prevents sepsis-induced muscle atrophy [J]. Metabolism, 2009, 58 (6): 787-797.

[268] Olowofeso O, Wang J Y, Dai G J, Yang Y, Mekki D M, Musa H H. Measurement of genetic parameters within and between Haimen chicken populations using microsatellite marker [J]. Int J. Poult Sci, 2005, 4: 143-148.

[269] Olowofeso O, Wang J Y, Xie K Z, Liu G Q. Phylogenetic scenario of port-city chickens in China based on two-marker types [J]. Int J Poult Sci, 2005b, 4: 206-212.

[270] Olowofeso O, Wang J Y, Zhang P, Dai G J, Sheng H W, Wu R, Wu X. Genetic Analysis of Haimen Chicken Populations Using Decamer Random Markers [J]. Asian-Aust J Anim Sci, 2006, 19, (11): 1519-1523.

[271] Olowofesol O, Wang J Y, Shen J C, Chen K W, Sheng H W, Zhang P, Wu R. Estimation of the Cumulative Power of Discrimination in Haimen ChickenPopulations with Ten Microsatellite Markers [J]. Asian-Aust J Anim Sci, 2005, 18 (8): 1066-1070.

[272] Onagbesan O M, Vleugels B, Buys N, Bruggeman V, Safi M, Decuypere E. Insulin-like growth factors in the regulation of avain ovarian functions [J]. Domest Anim Endocrinol, 1999, 17 (2-3): 299-313.

[273] Orita M, Iwahana H, Kanazawa H, Hayashi K, Sekiya T. Detection of polymorphisms of human DNA by gel electrophoresis as single-strand conformation polymorphisms [J]. Proc Natl Acad Sci USA. 1989, 86 (8): 2766-2770.

[274] Ou J T, Tang S Q, Sun D X, Zhang Y. Polymorphisms of three neuroendocrine correlated genes associated with growth and reproductive traits in the chicken [J]. Poult Sci, 2009, 88: 722-727.

[275] Owen R O, Chase H A. Direct purification of lysozyme using continuous counter-current expanded bed absorption [J]. Chromaton A, 1997, 757: 41-49.

[276] Panepucci L, Fernandes M N, Sanches J R, Rantin FT. Changes in lactated ehydrogenase and malated

ehydrogenase activities during hypoxia and after temperature acclimation in the armored fish, Rh in elepis strigosa (Siluriformes, Loricariidae) [J] . Rev Bras Biol, 2000, 60 (2): 353 - 360.

[277] Park H B, Jacobsson L, Wahlberg P, Siegel, P B, Andersson. QTL analysis of body composition and metabolic traits in an intercross between chicken lines divergently selected for growth [J] . Physiol Genomics, 2006, 25 (2): 216 - 223.

[278] Pellegrini - Bouiller I, Belicar P, Barlier A, Gunz G, Charvet J P, Jaquet P, Brue T, Vialettes B, Enjalbert A. A new mutation of the gene encoding the transcription factor Pit - 1 is responsible for combined pituitary hormone deficiency [J] . J Clin Endocrinol Metab, 1996, 81 (8): 2790 - 2796.

[279] Pepys M B, Hains P N, Booth D R, Vigushin D M, Tennent G A, Soutar A K, Totty N, Nguyen O, Blake C C, Terry C J. Human lysozyme gene mutations cause hereditary systemic amyloidosis [J] . Nature, 1993, 362 (6420): 553 - 557.

[280] Phi - Van L, Von Kries J P, Ostertag W, Stratling W H. The chicken lysozyme 5′ matrix attachment region increase transcription from a heterologous promoter in heterologous cells and dampens position effects on the expression of transfected genes [J] . Mol Cell Biol, 1990, 10: 2302 - 2307.

[281] Pilecka I, Whatmore A, Hooft van Huijsduijnen R, Destenaves B, Clayton P. Growth hormone signaling: Sprouting links between pathways, human genetics and therapeutic options [J] . Trends Endocrinol Metab, 2007, 18 (1): 12 - 18.

[282] Pines M, Knopov V, Bar A. Involvement of osteopontin in egg shell formation in the laying chicken [J] . Matrix Biol, 1995, 14 (9): 765 - 771.

[283] Plotsky Y, Cahaner A, Haberfeld A, Hillel J, Lavi U, Lamont SJ. DNA fingerprint bands applied to linkage analysis with quantitative trait loci in chickens [J] . Anim genet, 24 (2): 105 - 110.

[284] Ponsuksili S, Wimmers K, Schmoll F, Horst P, Schellander K. Comparison of multilocus DNA fingerprints and microsatellites in an estimate of genetic distance in chicken [J] . J Hered, 1999, 90: 656 -659.

[285] Hou Q R, Wang J Y, Wang H H, Li Y, Zhang G X, Wei Y and Hassan. Analysis of Polymorphisms in Exons of the LYZ Gene and Effect on Growth Traits of Jinghai Yellow Chicken [J] . International Journal of Poultry Science, 2010, 9 (4): 357 - 362,

[286] Quellar D C, Strassmann J E, Hughes CR. Microsatellite and kinship [J] . Trends Ecol Evol, 1993, 8: 285 - 288.

[287] Radechi S V, Capdevielle M C, Buonomo F C, Scanes C G. Ontogeny of insulin like growth factors (IGF Ⅰ and IGF Ⅱ) and IGF binding proteins in the chicken following hatching [J] . Gen Comp Endocrinol, 1997, 107 (1): 109 - 117.

[288] Rajaram S, Baylink D J, Mohan S. Insulin - like growth factor binding proteins in serum and other biology fluids: regulation and functions [J] . Endocr Rev, 1997, 67 (9): 2452 - 2459.

[289] Ramachandran R, Olga M, Shana L. Molecular cloning and tissue expression of chicken AdipoR1 and AdipoR2 complementary deoxyribonucleic acids [J] . Domestic Animal Endocrinology, 2007, 33: 19 - 31.

[290] Reinhard M, Jouvenal K, Tripier D, Walter U. Identification, purification, and characterization of a zyxin - related protein that binds the focal adhesion and microfilament protein VASP (vasodilator - stimulated phosphoprotein) [J] . Proc Natl Acad Sci USA, 1995, 92 (17): 7956.

[291] Rima Z. Chicken major hiscompatibility complex class B genes: Analysis of interallelic and inter locus sequence variance [J] . Eur J Immunal, 1993, 23: 1139 - 1145.

[292] Rinderknecht E, Humbel R E. The amino acid sequence of human insulin like growth factor Ⅰ and its

structural homology with pro - insulin [J] . Biol Chem, 1978, 253 (8): 2769 - 2776.

[293] Roland D A S. Egg shell problems estimates of incidence and economic impact [J] . Poult Sci, 1988, 67: 1801 - 1803.

[294] Romanov M N, Weigend S. Analysis of genetic relationships between various populations of domestic and Jungle Fowl using microsatellite markers [J] . Poult Sci, 2001, 80: 1057 - 1063.

[295] Romanov M N, Wezyk S, Cywa - Benko K, Sakhatsky N I. Poultry genetic resources in the countries of Eastern Europe - history and current state [J] . Poult Avian Biol Rev, 1996, 7: 1 - 29.

[296] Rosenfeld MG. POU - domain transcription factors powerful developmental regulators [J] . Genes Development, 1991, 5: 897 - 907.

[297] Rothschild M F, Soller M. Candidate gene analysis to detect genes controlling traits of economic importance in domestic livestock [J] . Probe, 1997, 8: 13 - 20.

[298] Sadler I, Crawford AW, Michelsen J W, Beckerle M C. Zyxin and cCRP: two interactive LIM domain proteins associated with the cytoskeleton [J] . J Cell Biol., 1992, 119 (6): 1573.

[299] Sambrook J, Fritsch E F, Maniatis T. 分子克隆实验指南（第 2 版）[M] . 金冬雁，黎孟枫，候云德，等译 . 北京：科学出版社，1996.

[300] Sandra L B. Phylogeny for the faint of heart: a tutorial [J] . J Trends in Genet, 2003, 19: 345 - 351.

[301] Scanes C G, Harvey S, Marsh J A, King D B. Hormones and growth in poultry [J] . Poult Sci, 1984, 63 (3): 2062 - 2074.

[302] Schindler M, Assaf Y, Sharon N, Chipman D M. Mechanism of lysozyme catalysis: Role of ground - state strain in subsite D in hen egg - whithe and human lysozyme [J] . Biochemistry, 1977, 16: 423 - 431.

[303] Schoen T J, Mazuruk K, Waldbillig R J, Potts J, Beebe D C, Chader G J, Rodriguez I R. Cloning and characterization of a chick embryo cDNA and gene for IGF - binding protein - 2 [J] . Mol Endocrinol, 1995, 15 (1): 49 - 59.

[304] Schweizer - Groyer G, Fallot G, Cadepond F, Girard C, Grover A. The cAMP responsive unit of the human insulin - like growth factor - binding protein - 1 constitutes a functional insulin response element [J] . Ann N Y Acad Sci, 2006, 1091: 296 - 309.

[305] Seo D S, Yun J S, Kang W J, Jeon, G J, Hong K C, Ko Y. Association of insulin - like growth factor - 1 (IGF - Ⅰ) gene polymorphism with serum IGF - Ⅰ concentration and body weight in Koren Native Ogol chicken [J] . Asian - Aust J Anim Sci, 2001, 14 (7): 915 - 921.

[306] Seo J H, Jin Y H, Jeong H M, Kim Y J, Jeong H G, Yeo C Y, Lee K Y. Calmodulin - dependent kinase Ⅱ regulates Dlx 5 during osteoblast differentiation [J] . Biochem Biophys Res Commun, 2009, 384: 100 - 104.

[307] Shaw E M. Mapping of the growth hormone gene by in situ hybridization to chicken chromosome [J] . J of heredity, 1991, 82 (6): 505 - 508.

[308] Sheng T, Yang K. Adiponectin and its association with insulin resistance and type 2 diabetes [J] . J Genet Genomics, 2008, 35 (6): 321 - 326.

[309] Shimada J, Moon S K, Lee H Y, Takeshita T, Pan H, Woo J I, Gellibolian R, Yamanaka N, Lim D J. Lysozyme M deficiency leads to an increased susceptibility to Streptococcus pneumonia induced otitis madia [J] . BMC Infect Dis, 2008, 8: 134 - 144.

[310] Siegel P B, Haberfeld A, Mukherjee T K, Stallard L C, Marks H L, Anthony N B, Dunnington E A. Jungle fowl - domestic fowl relationships: a use of DNA fingerprinting [J] . World's Poult Sci, 1992, 48: 147 - 155.

[311] Singh R V, Sharma D. Within and between strain genetic variability in White Leghorn population detected through RAPD markers [J]. Br Poult Sci, 2002, 43: 33 - 37.

[312] Sinha P S, Schioth H B, Tatro J B. Roles of the melanocortin - 4 receptor in antipyretic and hyperthermic actions of centrally administered alpha - MSH [J]. Brain Res, 2004, 1001 (1 - 2): 150 - 158.

[313] Slootweg M C, Ohlsson C, Salles J P, de Vries C P, Netelenbos J C. Insulin - like growth factor binding proteins - 2 and - 3 stimulate growth hormone receptor binding and mitogenesis in rat osteosarcoma cells [J]. Endocrinology, 1995, 136 (10): 4210 - 4217.

[314] Smith E J, Jones C P, Bartlett J, Nestor K E. Use of randomly amplified polymorphic DNA markers for the genetic analysis of relatedness and diversity in chickens and turkeys [J]. Poult Sci, 1996, 75: 579 - 584.

[315] Sontheimer E J. Bridging sulfur substitutions in the analysis of pre - RNA splicing [J]. Methods, 1999, 18 (1): 29 - 37.

[316] Sotelo - Mundo R R, Islas - Osuna M A, de - la - Re - Vega E, Hernández - López J, Vargas - Albores F, Yepiz - Plascencia G. CDNA cloning of the lysozyme of the white shrimp penaeus vannamei [J]. Fish and Shellfish Immunol, 2003, 15 (4): 325 - 331.

[317] Spencer G S G, Decuypere E, Buys e J, Kuhn E R, Tixier - Boichard M. Effect of recombinant human insulinlike growth factor on weight gain and body composition of broiler chickens [J]. Poult Sci, 1996, 75: 388 - 392.

[318] Spinardi L, Mazars R, Theillet C. Protocols for an improved detection of point mutation by SSCP [J]. Nucleic Acids Res, 1991, 19 (14): 4009.

[319] Steinfelder H J, Radovick S, Wondisford F E. Hormonal regulation of the thyrotrophic β - subunit gene by phosphorylation of the pituitary specific transcription factor Pit - 1 [J]. Proc Natl Acad Sci USA, 1992, 89: 5942 - 5945.

[320] Stelmanska E, Korczynska J, Swierczynski J. Tissue - specific effect of refeeding after short and long - term caloricrestriction on malicenzyme gene expression in rat tissues [J]. Department of Biochemistry, 2004, 51 (3): 805 - 814.

[321] Sun H C, Xue F M, Qian K, Fang H X, Qiu H L, Zhang X Y, Yin Z H. Intramammary expression and therapeutic effect of a human lysozyme expressing vector for treating bovine mastitis [J]. J Zhejiang Univ Sic B, 2006, 7 (4): 324 - 330.

[322] Sun W, Chang H, Ren Z J, Yang ZP, Geng R Q, Lu S X, Du L, Tsunoda K. Genetic differentiation between sheep and goats based on microsatellite DNA [J]. Asian - Aust J Anim Sci, 2004, 17: 583 - 587.

[323] Takahashi H, Nirasawa K, Nagamine Y, Tsudzuki M, Yamamoto Y. Genetic relationships among Japanese native breeds of chicken based on microsatellite DNA polymorphisms [J]. J Heredity, 1998, 89: 543 - 546.

[324] Takeuchi S, Takahashi S. Melanocortin receptor genes in the chicken - Tissue distributions [J]. Gen Comp Endocrinol, 1998, 112 (2): 220 - 231.

[325] Tanaka M, Hosokawa Y. Structure of the chicken growth hormone encoding gene and its promoter region [J]. Gene, 1992, 112: 235 - 239.

[326] Tatsuda K, Fujinaka K. Genetic mapping of the QTL affecting body weight in chickens usinga F2 family [J]. Br Poult Sci, 2001, 42 (3): 333 - 337.

[327] Tixier - Boichard M, Kritchmann N, Morisson M, Bordas A, Hillel J. Assessment of genomic variability through DNA fingerprinting within and between chicken lines divergently selected for residual food

consumption [J] . Anim genet, 27 (3): 163 - 169.

[328] Tricoli JV, Rall L B, Scptt J, Bell G I, Shows T B. Localization of insulin - like growth factor g enes to human chromsomes 11 and 12 [J] . Nature, 1984, 310 (30): 784 - 786.

[329] Tsuchiya Y, Morioka K, Yoshida K, Shirai J, Kokuho T, Inumaru S. Effect of N - terminal mutation of human lysozyme on enzymatic activity [J] . Nucleic Acids Symp, 2007, 51: 465 - 466.

[330] Ullrich A, Gray A, Tam A W. Insulin - like growth factor receptor primary structure: comparison with insulin receptor suggests structural determinants that define functional specificity [J] . EMBOJ, 1986 (5): 2503 - 2512.

[331] Valli - Jaakola K, Lipsanen - Nyman M, Oksanen L, Hollenberg A N, Kontula K, Bjrbaek C, Schalin -Jntti C. Identification and characterization of melanocortin - 4 receptor gene mutations in morbidly obese finnish children and adults [J] . J Clin Endocrinol Metab, 2004, 89 (2): 940 - 945

[332] Vanhala T, Tuiskala - Haavisto M. Elo K, Vilkki J. Maki - Tanila A. Evaluation of genetic variability and genetic distances between eight chicken lines using microsatellite markers [J] . Poult Sci, 1998, 77: 783 - 790.

[333] Wade T E, Mathur A, Lu D, Swartz - Basile D A, Pitt H A, Zyromski N J. . Adiponect in Receptor 1 Expression Is Decreas ed in the Pancreas of Obese Mice [J] . J Surg Res, 2009, 154 (1): 78 - 84.

[334] Wehling M, Cai B, Tidball J G. Modulation of myostatin expression during modified muscle use [J] . Faseb J, 2000, 14 (1): 103 - 110.

[335] Welsh J, McClelland M. Fingerprinting genomes PCR with arbitrary primers [J] . Nucleic Acids Res, 1990, 18: 7213 - 7218.

[336] Westhusin M. From mighty mice to mighty cows [J] . Nat Genet, 1997, 17 (1): 4 - 5.

[337] Williams C L, Homan H J, Johnston J J, Linz G M. Microsatellite variation in red - winged blackbirds [J] . Biochem genet, 2004, 42: 35 - 41.

[338] Williams J G, Kubelik A R, Livak K J, Rafalski J A, Tingey S V. DNA polymorphisms amplified by arbitrary primers are useful as genetic markers [J] . Nucleic Acids Res, 1990, 18 (22): 6531 - 6535.

[339] Wimmers K, Ponsuksili S, Hardge T, Valle - Zarate A, Mathur P K, Horst P. Genetic distinctness of African, Asian and South American local chickens. Anim Genet, 2000, 31: 159 - 165.

[340] Wood T L, Rogler L E, Czick M E, Schuller A G, Pintar J E. Selective alterations in qrgan sizes in mice with a targeted disruption of the insulin - like growth factor binding protein - 2 Gene [J] . Mol Endocrinol, 2001, 14 (9): 1472 - 1482.

[341] Wright S. The genetic structure of populations [J] . Ann Eugen, 1951, 15: 323 - 354.

[342] Yamauchi T, Kamoni J, Minokoshi Y, Ito Y, Waki H, Uchida S, Yamashita S, Noda M, Kita S, ueki K, Eto K, Akanuma Y, Froquel P, Foufelle F, Ferre P, Carling D, Kimura S, Naqai R, Kahn B B, Kadowaki T. Adiponectin stimulates glucose utilization and fatty acid oxition by activating AMP - activated protein kinase [J] . Nat Med, 2002, 8 (10): 1288 - 1295.

[343] Yancovich A, Levin I, Cahaner, AHillel J. Introgression of the avian naked neck gene assisted by DNA fingerprints [J] . Anim genet, 27 (3): 149 - 155.

[344] Yeo G S, Farooqi I S , Challis B G , Jackson R S , O'Rahilly S. The role of melanocortin signalling in the control of body weight: evidence from human and murine genetic models [J] . QJM, 2000, 93 (1): 7 - 14.

[345] Yokosaki Y, Tanaka K, Higashikawa F, Yamashita K. Eboshida A. Distinct structural requirements for binding of the integrins alphavbeta6, alphavbeta3, alphavbeta5, alpha5beta1 and alpha9beta1 to osteopontin [J] . Matrix Biol, 2005, 24 (6): 418 - 427.

[346] Yokota T, Oritani K, Takahashi I, Ishikawa J, Matsuyama A, Ouchi N, Kihara S, Funahashi T, Tenner AJ, Tomiyama Y, Matsuzawa Y. Adiponectin, a new member of the family of soluble defense collagens, negatively regulates the growth of myelomonocytic progenitors and the functions of macrophages [J] . Blood, 2000, 96 (5): 1723 - 1732.

[347] Yu Y B, Wang J Y, Mekki D M, Tang Q P, Li H F. Evaluation of Genetic Diversity and Genetic Distance Between Twelve Chinese Indigenous Chicken Breeds Based on Microsatellite Markers [J] . Int Journal of Poultry Science, 2006, 5 (6): 550 - 556.

[348] Zayzafoon M. Calcium/calmodulin signaling controls osteoblast growth and differentiation [J] . J Cell Biochem, 2006, 1: 56 - 70.

[349] Zhang C L, Wang Y H, Chen H, Lan X Y, Lei C Z, Fang X T. Association between variants in the 5′-untranslated region of the bovine MC4R gene and two growth traits in Nanyang cattle [J] . Mol Biol Rep, 2009, 36: 1839 - 1843.

[350] Zhang D G, keefe O L, Li L, Johnson L W, Ewald S J. A PCR method for typing B - LB family (class MHC) alleles in broiler chickens [J] . Anim Genet, 1999, 30: 109 - 119.

[351] Zhang J F, Hou J F. Study on the cloning, expression, and bioactivity of recombinant chicken IGF - 1 [J] . Agriculture Science in China, 2005, 5 (6): 462 - 467.

[352] Zhang S, Li H, Shi H. Single marker and haplotype analysis of the chicken apolipoprotein B gene T123G and D9500D9 - polymorphism reveals association with body growth and obesity [J] . Poult Sci, 2006, 85 (2): 178 - 184.

[353] Zhang X, Leung F C, Chan D K, Yang G, Wu C. Genetic diversity of Chinese native chicken breeds based on protein polymorphism, random amplified polymorphic DNA and microsatellite polymorphism [J] . Poult Sci, 2002, 81: 1463 - 1472.

[354] Zhao Q, Davis M E, Hines H C. Associations of polymorphisms in the Pit - 1 gene with growth and carcass traits in Angus beef cattle [J] . J Anim Sci, 2004, 82 (8): 2229 - 2233.

图书在版编目（CIP）数据

京海黄鸡：优质肉鸡新品种选育 / 王金玉等著 .—
北京：中国农业出版社，2013.12
ISBN 978-7-109-18634-7

Ⅰ.①京… Ⅱ.①王… Ⅲ.①肉鸡—选择育种 Ⅳ.
①S831.2

中国版本图书馆 CIP 数据核字（2013）第 279990 号

中国农业出版社出版
（北京市朝阳区农展馆北路 2 号）
（邮政编码 100125）
责任编辑 刘博浩 程 燕

北京通州皇家印刷厂印刷 新华书店北京发行所发行
2013 年 12 月第 1 版 2013 年 12 月北京第 1 次印刷

开本：787mm×1092mm 1/16 印张：10 插页：4
字数：230 千字
定价：90.00 元

结 束 语

《京海黄鸡——优质肉鸡新品种选育》一书的出版凝聚了扬州大学、江苏省京海禽业集团有限公司和江苏省畜牧总站三个单位京海黄鸡新品种选育课题组全体成员在新品种选育过程中所付出的心血。2012年2月“优质肉鸡新品种京海黄鸡的培育及其遗传基础研究”获中华人民共和国教育部科技进步奖一等奖（证书编号：2011-178）。京海黄鸡新品种选育还得到了吴常信院士、陈焕春院士、盛志廉教授的悉心指导，也得到国内其他同行的关心支持，此书的出版也是对他们由衷的回馈。同时作者希望此书的出版对我国家禽育种技术水平的提高起到点滴作用。

本书的出版还要感谢国家肉鸡产业体系以及扬州大学出版基金的大力支持。

王金玉

2013.5.18

吴常信院士（中）现场指导京海黄鸡选育

附 录

一、京海黄鸡培育相关图片

1. 京海黄鸡标准照

2. 京海黄鸡育种素材图片

3. 京海黄鸡育雏期图片

4. 京海黄鸡育成期图片

5. 京海黄鸡育种核心群图片

二、京海黄鸡——优质肉鸡新品种培育获奖证书

1. 畜禽新品种证书

畜禽新品种（配套系）

（农09）新品种证字第 20 号

证　书

新品种（配套系）名称　京海黄鸡

培　育　单　位　江苏京海禽业集团有限公司
扬州大学
江苏省畜牧总站

该品种业经审定，根据《中华人民共和国畜牧法》和《畜禽新品种配套系审定和畜禽遗传资源鉴定办法》，特发此证。

发证机关

〇九年　月十八日

2. 京海黄鸡培育及其遗传基础研究获奖证书

为表彰在促进科学技术进步工作中做出重大贡献，特颁发此证书。

获奖项目：优质肉鸡新品种京海黄鸡培育及其遗传基础研究

获 奖 者：王金玉（第1完成人）

奖励等级：科学技术进步奖一等奖

奖励日期：2012年02月

证 书 号：2011-178

二〇一二年二月十日